河南安阳天宁寺塔保护研究

河南省文物建筑保护研究院

甄学军　编著

学苑出版社

图书在版编目（CIP）数据

河南安阳天宁寺塔保护研究 / 甄学军编著 . — 北京：学苑出版社，2019.7

ISBN 978-7-5077-5761-3

Ⅰ.①河… Ⅱ.①甄… Ⅲ.①佛塔—文物保护—研究—安阳 Ⅳ.① K878.64

中国版本图书馆 CIP 数据核字（2019）第 145485 号

责任编辑：周　鼎
出版发行：学苑出版社
社　　址：北京市丰台区南方庄2号院1号楼
邮政编码：100079
网　　址：www.book001.com
电子信箱：xueyuanpress@163.com
联系电话：010-67601101（营销部）、010-67603091（总编室）
经　　销：全国新华书店
印　刷　厂：北京建宏印刷有限公司
开本尺寸：787×1092　1/16
印　　张：13.5
字　　数：240千字
版　　次：2019年7月第1版
印　　次：2019年7月第1次印刷
定　　价：500.00元

编辑委员会

主　　任：杨振威

副 主 任：高　云　吕军辉　赵　刚

编　　委：甄学军　赵彤梅　余晓川　李光明　杨华南　李银忠
　　　　　程　曦　常铁伟　黄晓勇　田冰峰　郭绍卿

主　　编：甄学军

副 主 编：鹿继敏

参编人员：赵彤梅　付　力　蔡金呈　张延昭　李　媚

序

  河南地处中原腹地，是全国著名的文物大省。其域内文物丰富、类型繁多，塔是其中重要的组成部分。安阳天宁寺塔位于河南省安阳市古城内西北隅，高38.65米，塔基周长40米，因塔建于天宁寺内，所以得名天宁寺塔；又因位于彰德府（今安阳）文庙东北方，作为代表当地"文风"的象征，又称文峰塔。该塔始建于五代后周广顺二年（952年），历经重修，至今保留着宋、元、明时期的建筑结构和建筑手法等时代特征。该塔造型奇特，逆中国古塔上小下大的惯例，而建成上大下小的伞形，成为我国现存最典型的倒塔；塔顶辟设可容百人的观光平台，台中央建喇嘛塔，这种造型全国仅见此一例。塔身第一层壁面均雕塑有精美的佛传故事，极具艺术价值；在建筑材料和建筑技术诸方面也颇具特色。故此塔不但具有重要的建筑史、宗教史、艺术史研究价值，而且也具有重要的观赏价值。在我国塔著中，此塔均被列为中国名塔，被国务院核准公布为全国重点文物保护单位。我国著名学者赵朴初先生于1977年赴安阳现场考察后，赋诗赞曰："层伞高擎窣堵波，洹河塔影胜恒河。更惊雕像多殊妙，不负平生一瞬过。"

  2012年，河南省文物建筑保护设计研究中心受安阳市文物景点管理处邀请，勘查编制《天宁寺塔保护维修方案》。《方案》顺利通过国家文物局专家评审和批准，现维修工程已圆满竣工。

  甄学军先生承接《河南安阳天宁寺塔保护研究》一书的编著任务后，便投入了资料整合、书籍编著工作。甄学军先生自1986年到河南省古代建筑保护研究所（现河南省文物建筑保护研究院）工作至今，从事文物保护事业33年有余，是一位认真做事、踏实为学、诚恳待人的专业人士。甄学军先生现任河南省文物建筑保护研究院院长助理，协助院长分管河南省文物建筑保护设计研究中心、河南东方文物建筑监理有限公司、河南省龙源古建园林技术开发公司，并兼任河南东方文物建筑监理有限公司总经理之职，是河南省文物建筑保护研究院业务骨干，曾主持和参与多项全国重点文物保护单位的保护规划和修缮方案编制工作，还发表过多篇专业论文。

　　此书从文物保护视角出发，从研究篇、勘察篇、设计篇、施工篇分别展开，诠释了安阳天宁寺塔丰富的文化内涵，对天宁寺塔的历史沿革、建筑造型、建筑结构、环境地质条件、塔体稳定性及现状病害与成因，直至施工设计技术措施等诸多方面，进行有针对性的分析研究。书中附配有大量图纸、照片等形象资料，既满足了专著的功能需求，又为读者结合文字记述、图文对照阅读提供了便利，并为该塔的有效保护提供了翔实的第一手资料，可谓是集资料性、知识性、可读性于一体的雅俗共赏之书。

　　《河南安阳天宁寺塔保护研究》行将出版之际，写以上感言，以示祝贺，是为序。

河南省文物局原局长
中国文物学会副会长

前言

天宁寺塔位于安阳老城西北隅天宁寺旧址。有人把它喻为安阳的象征。此塔形制特殊，上大下小，呈伞状，在我国古塔中极为少见，有人说在国外也是罕见的。天宁寺原建于隋仁寿（601—604年）年间，塔始建于五代后周广顺二年（952年），历经重修。清乾隆三十七年（1772年），当时任彰德（今安阳）知府的黄邦宁，主持重新修葺天宁寺和塔。他认为塔与南边的文庙（在今安阳市西大街小学校内）相呼应，二者可以代表安阳古城的文化高峰，便在塔门横额上题了"文峰耸秀"四个大字，于是此塔又得名"文峰塔"。天宁寺塔高38.65米，塔基周长40米；砖身木椽；八角形的塔身立于圆形莲花座上。莲瓣共七层，上下交错、左右舒展、上承塔身、下护塔基。塔的上身五级出檐，从下往上逐级增大。每层出檐的斗拱又不尽相同。八角檐头系有铜铎，微风吹动，叮当作响，给人以高远静穆之感。塔顶有相轮、塔刹。塔的下部四周正面，各有一门，其中正南面为真门，余为假门。券门首额，有砖雕二龙戏珠图像。八角均有巨龙环绕的盘龙柱，上加铁链枷锁，非常壮观。八根龙柱之间，有八幅砖浮雕佛教故事图像：正南面为三身佛像；西南角是释迦佛说法像；西面为悉达多太子诞生图像；西北角是释迦佛雪山苦行修定像；北面为观音菩萨与善财龙女像；东北角是佛为天人说法像；东面为释迦佛涅槃像；东南角是波斯匿王及王后侍佛闻法像。这些浮雕造型生动、神情逼真、姿态自然，是不可多得的艺术珍品。该塔在2001年被公布为全国重点文物保护单位。

2012年，受安阳市市区文物景点管理处干继伟先生的邀请，河南省文物建筑保护研究中心承担了关于该塔的勘察设计任务。自接到任务起，单位组织设计人员进入现场进行详尽的调研、测量，分析病害原因，出具设计方案，通过努力，将该项目顺利完成。八年后，河南省文物建筑保护研究院院长杨振威先生本着对学术研究严谨，同时为后期同类工程提供翔实的第一手资料的态度，助我仍将项目研究成果汇聚一体，编辑出版。本书从立项、编著到审校、出版，杨振威院长都给予了大力支持。希望本书能给相关研究者提供参考价值。

目录

研究篇

第一章　历史沿革	3
第二章　结构与稳定性研究	5
1. 天宁寺岩土工程条件研究	9
2. 场地地震效应	12
3. 塔体倾斜检测及稳定性	13
4. 塔基承载力检测及稳定性	22
5. 塔体稳定性仿真	29
6. 结论及建议	47

勘察篇

第一章　现状描述	51
1. 传统用料和工艺	52
2. 损伤和病害的成因分析及结论	53
第二章　现状实测图	92
第三章　岩土工程勘察	112
1. 岩土工程条件	114
2. 场地岩土工程条件分析与评价	115
3. 场地地震效应评价	116
4. 地基与基础方案	117
5. 场地稳定性和适宜性评价	118
6. 结论和建议	118

设计篇

第一章　修缮设计方案　　　　　　121
　　1. 设计指导思想及修缮方案设计原则　　121
　　2. 具体处理措施　　122
　　3. 结语　　133
第二章　修缮设计图　　134
第三章　修缮设计预算　　165

施工篇

第一章　工程概况　　177
　　1. 工程难点与重点　　178
　　2. 主要分项工程施工方案与技术措施　　179
第二章　修缮后效果　　190

后　记　　205

研究篇

第一章　历史沿革

安阳位于河南省的最北部，地处山西、河北、河南三省交会处，地理坐标是东经113°37′～114°58′，北纬35°12′～36°22′。西依太行山，东接华北平原，发源于太行山东麓的一道洹河水从市区穿流而过。安阳属北温带大陆性季风气候，四季分明、日照充足、雨量集中、气候宜人。全年平均气温14.1摄氏度，年均降水量为556.8毫米。安阳是纵贯中国南北的京广铁路大干线上的一个重要枢纽，从安阳至首都北京，铁路里程为508千米。大致以穿越市区的京广铁路为界，西部重峦叠嶂、丘陵起伏，属于太行山之东麓，而东部是一望无际的平原，是华北平原的一部分。西部最高处海拔1667米，而东部最低处海拔仅50米，地形显而易见地呈阶梯状。

安阳是中国七大古都之一、国家级历史文化名城，是甲骨文的故乡、《易经》的诞生地，是早期华夏文明的政治、经济、文化中心之一。公元前1300年，商王盘庚迁都于殷（今安阳市殷都区小屯一带），历经八代十二王255年。安阳地灵人杰，奇人异事层出不穷，如：盘庚迁殷，商王武丁中兴，傅说拜相，女将军妇好请缨，文王拘而演周易，武王伐纣灭殷商，西门豹投巫治邺地，蔺相如降生古相村，信陵君窃符救赵，杀扁鹊刺客伏道，项羽破釜沉舟，曹操邺城发迹，起义军雄踞瓦岗寨，欧阳修作赋秋声楼，三朝宰相韩琦治相州，民族英雄岳飞精忠报国，袁世凯隐居洹上窥全局等。

安阳有着丰富的历史文化底蕴，殷墟商代晚期都城遗址的发现与发掘，在"中国20世纪100项重大考古发现"评选中名居榜首，"殷墟"也被列入世界文化遗产名录。位于安阳市殷都区的商代宫殿遗址，横跨洹河南北两岸，是中国商代晚期（约前1300年—前1046年）的都城所在地，距今已有3300多年的历史，是中国历史上有文献可考，并为甲骨文和考古发掘所证实的中国最早的古代都城。以甲骨文、青铜器、《易经》为代表的殷商文化，集中体现了中国古代文明的灿烂和辉煌。

安阳不仅有众多的殷商文化，而且还有许许多多的为人们所熟悉的人文景观，诸如：两万五千年前的原始人洞穴，《易经》诞生地的羑里古城，精忠报国的岳飞的故里，上古时代的颛顼、帝喾二帝陵，建安风骨的邺城文化，西门豹治邺的古河道等。安阳现有国家级重点文物保护单位 8 处，省级重点文物保护单位 38 处。悠久的历史景观、丰富的文化内涵——安阳在中国文明史乃至世界文明史上都占有极其重要的地位。

古天宁寺位于安阳市中心地带，天宁寺塔位于古天宁寺西南隅，通高 38.65 米，塔檐共分五层，为砖木结构密檐式砖塔，塔身平面为八角形，拱券门，南向，塔体自下而上逐层外扩，形成上大下小伞状外观，由塔基、塔身、塔刹三部分组成。该塔内部中空呈筒状，分五层，与外檐分层相同，每层顶部又有砖质斗拱承托，由青砖向内叠涩，构成平座。刘敦桢先生 20 世纪 30 年代考察该塔时认为，"每层俱可登临，为密檐塔中奇特之例"。这种始建于五代时期的大型砖塔在全国是不多见的，具有很重要的文物价值。

该塔造型独特，由下向上逐层外扩，形成上大下小呈伞状的独特风格，这种造型在全国是独一无二的，是我国建筑史上的一大奇迹，是研究古代建筑以及建筑力学、建筑美学的重要资料。塔刹为高 10.8 米的喇嘛式砖塔，周围有 150 平方米的平台，可容纳 200 余人同时上塔俯望，这也是我国古塔中仅有的。

该塔上的砖雕佛像，人物造型古朴、端庄、丰满，具有晚唐造像遗风，雕刻手法细腻，工艺精湛，实为雕刻艺术中的珍品。该塔历史悠久，造型奇特，是全国唯一上大下小的大型砖塔，是我国建筑史上的孤例，是研究建筑美学和佛教艺术的珍贵实物资料。

天宁寺塔始建于五代后周广顺二年（952 年），北宋治平二年（1065 年）重修，元代延祐二年（1315 年）朋真博济大禅师重修，明嘉靖三十九年（1560 年）赵康王重修。清乾隆三十六年至三十七年（1771—1772 年），彰德知府黄邦宁重修天宁寺，并修天宁寺塔，于塔的门楣上题"文峰耸秀"四字，民间始称"文峰塔"。

1964 年，由河南省文教局拨款对塔进行维修，更换檐椽，更补覆瓦和走兽，修补莲座和花卉图案等。

1988 年，由安阳市古建所安装避雷设施，于塔周围设置护栏，于通道内设置扶手等。

2001 年，被国务院公布为全国重点文物保护单位。

第二章　结构与稳定性研究

　　天宁寺塔各层用青砖砌筑，各层均用灰浆作为砌筑黏结材料。青砖具有抗压强度高、抗剪强度低的特点，塔体所用的黏结材料抵抗剪力的性能也较差，这导致砌体抗剪强度低。此外，由于年代久远，加之长期受到风雨侵蚀、大气熏蚀，整个塔体（塔基、塔身、塔刹、塔身内部等）已出现裂缝、砖体酥碱风化、砖体缺失等现象（见图）。天宁寺塔塔门两侧边墙存在两条竖向裂缝，裂缝宽0.3厘米~0.8厘米，长80厘米~120厘米；东南侧塔柱下方有竖向裂缝，裂缝宽0.5厘米~0.9厘米，长154厘米。若不对其进行稳定性评估维修，将可能出现部分墙体裂缝加大、墙体歪闪等情况，存在安全隐患。因此，进行塔身墙体强度稳定性评估，开展维护工作，迫在眉睫。

　　基础承受着塔的全部荷载，将塔的荷载传给持力土层。基础若不稳定，会引起上部塔的倾斜，使塔身出现大的裂缝，甚至会引起塔的整体失稳。因此，塔的基础稳定是保证塔体稳定的关键。探槽勘察基础的形式，从而计算基础的承载能力，确定基础的稳定性，这是十分必要的。

塔的砖体酥碱风化（一）

塔的砖体酥碱风化（二）

塔的墙体出现裂缝（一）

塔的墙体出现裂缝（二）

塔倚柱出现裂缝（一）

塔倚柱出现裂缝（二）

　　天宁寺塔自修建以来已有千年的历史，由于地基的不均匀沉降，以及历经地震、洪水等侵袭，塔体已经倾斜。若塔体的倾斜角度超出了规范规定的塔的稳定范围，可能会造成塔体的局部破坏甚至使塔整体失稳，因此，测出塔的倾斜角度对评估塔的稳定性是十分必要的。

　　天宁寺塔历史悠久，自建成以来，历经洪水、风雨的作用，塔基、墙体强度等受到很大的影响。而且该区的抗震设防烈度为 8 度，设计基本加速度值为 0.20g，其对塔的稳定性也具有一定的影响。因此，评估洪水、风荷载、地震等对塔的稳定性的影响也是十分必要的。

1. 天宁寺岩土工程条件研究

1.1 地形地貌

安阳位于河南省的最北部，西高东低，大致以穿越市区的京广铁路为界，西部重峦叠嶂、丘陵起伏，属于太行山之东麓，而东部是一望无际的平原，是华北平原的一部分。西部最高处海拔1667米，而东部最低处海拔仅50米，地形显而易见地呈阶梯状。

天宁寺塔位于安阳市中心地带。场地地形相对平坦，地形简单，区域上位于太行山南段东麓的复背斜与华北平原过渡地段的安阳河冲积扇上。地质构造上，位于太行山山前大断裂在中生代形成的汤阴地堑中的安阳次凹内。本建筑场地内无全新活动断层通过。

1.2 环境、气候分析

1.2.1 环境

天宁寺位于安阳市中心地带，院内分布照壁、山门、东西配房、天王殿、大雄宝殿、垂花门、办公用房。天宁寺塔位于院内西面，距山门46.3米，距天王殿23.7米，距大雄宝殿22.3米。院内整体环境较好，排水较为流畅，管理设施齐全。

1.2.2 气候

安阳位于河南最北部，属暖温带大陆性季风气候，四季分明，日照充足，雨量集中。春季干旱多风沙，夏季炎热多雨，秋季温和晴明，冬季寒冷干燥，全年降水量约为56.8毫米，多集中在6～8月，年平均气温14摄氏度，最冷月1月的多年平均气温为零下1摄氏度，最热月7月的多年平均气温为27摄氏度，年日照时间为2500小时。冬季北风偏多，而夏季则以南风为主。基本气候情况见下表。

安阳基本气候情况（据 1971 年—2000 年资料统计）

月份	1月	2月	3月	4月	5月	6月	7月	8月	9月	10月	11月	12月
平均温度（摄氏度）	-0.9	2.2	8.0	15.7	21.1	25.9	26.9	25.7	21.1	15.0	7.1	1.1
平均最高温度（摄氏度）	4.4	7.9	13.7	21.6	27.1	31.8	31.7	30.3	26.8	21.2	13.0	6.5
极端最高温度（摄氏度）	20.7	27.2	28.7	37.0	39.0	41.5	41.0	39.5	39.3	34.6	27.3	26.3
平均最低温度（摄氏度）	-5.2	-2.4	2.9	10.0	15.1	20.1	22.7	21.6	16.3	9.8	2.4	-3.0
极端最低温度（摄氏度）	-15.5	-13.8	-8.1	-1.0	6.3	10.5	15.8	13.6	5.7	-1.0	-10.3	-17.3
平均降水量（毫米）	4.8	7.7	17.8	23.1	39.7	60.6	178.7	123.3	44.8	34.2	16.3	5.8
降水天数（日）	2.2	2.9	4.4	4.6	6.6	7.5	12.2	10.1	7.1	5.4	3.8	2.4
平均风速（米/秒）	1.7	2.1	2.7	3.0	2.7	2.4	1.9	1.7	1.6	1.7	1.8	1.7

气象站位置：北纬 36.1 度 东经 114.3 度 海拔 76 米

据以上环境、气候因素分析可知，环境对天宁寺塔的损害不是很严重；气候上来讲，雨水的冲刷以及冬季的冻融对天宁寺塔有一定侵害。

1.3 场地岩土工程条件

1.3.1 地层结构

根据安阳大地勘探工程有限公司撰写的《天宁寺地质勘查报告》可知，该场地在勘探揭露深度范围内的地层主要为新近沉积物和第四系冲积物。场地内所揭露的地层按其岩性特征及物理力学性质的差异可划分为三个工程地质层，现由上至下分述如下：

第 1 层：杂填土（Q_4^{al}）：

杂色，湿，松散，含大量砖块、炭屑、石块等。底部为素填土，以黏性为主，含少量砖屑、炭屑等。不均匀。

层底埋深 4.70 米 ~ 5.90 米，层底标高 93.17 米 ~ 94.43 米，层厚 4.70 米 ~ 5.90 米，平均层厚 5.25 米。

第 2 层：粉土（Q_{4-1}^{al}）：

褐黄色，湿，中密，具铁锰质氧化物浸染现象，具钙质条纹浸染。偶见小姜石，见贝壳碎屑。摇振反应中等，干强度低，韧性低，无光泽反应。中等压缩性。顶部为黄褐色粉质黏土，局部夹杂浅灰色粉质黏土。

层底埋深9.00米~10.30米，层底标高88.79米~90.07米，层厚3.10米~5.60米，平均层厚4.47米。

第3层：粉土（Q_{4-1}^{al}）：

黄褐色，湿，中密，具铁锰质氧化物浸染现象，含少量姜石。略有砂感，底部砂感较强。摇振反应中等，干强度低，韧性低，无光泽反应。中等压缩性。局部夹红褐色粉质黏土。该层未揭穿。揭露最大深度21.00米，揭露最低标高78.09米，揭露最大厚度11.20米。

1.3.2 水文地质条件

野外勘测期间，在勘探深度范围内未见地下水。

1.3.3 不良地质作用及不利埋藏物

根据区域资料及现场勘察，查明该场地内不存在对工程安全有影响的活动断层、滑坡、崩塌、塌陷、采空区、地面沉降、地裂缝、泥石流等不良地质作用，也未发现河道、沟浜、墓穴、防空洞、孤石等对工程不利的埋藏物。

1.4 场地岩土工程条件分析

1.4.1 各土层承载力特征值

根据土工试验的分层统计结果，依据《建筑地基基础设计规范》（GB50007—2011），结合当地经验，提出各土层的承载力特征值，见下表。

各土层承载力特征值表

层号	岩土名称	承载力特征值 F_{ak}（kPa）	黏粒含量
（1）	杂填土	70	—
（2）	粉土	140	11.8
（3）	粉土	160	12.9

1.4.2 地下水及土的腐蚀性评价

依据《岩土工程勘察规范》（GB50021-2001）附录G.0.1规定，场地环境类型可划分为Ⅱ类。

由于该场地地下水埋藏较深，在地基与基础施工时可不考虑地下水的影响；根据区域土质分析资料，该场地地基土对混凝土和混凝土中的钢筋具微腐蚀性。

1.4.3 场地各土层的压缩模量和压缩性

根据土工试验、标准，贯入试验结果综合分析，提出各土层压缩性指标，详见下表。

各土层压缩性指标表

层号	岩土名称	压缩系数 a_{1-2}（1/MPa）	压缩模量 E_{S1-2}（MPa）	压缩性评价
1	杂填土	—	—	高压缩性
2	粉土	0.222	8.25	中等压缩性
3	粉土	0.201	9.01	中等压缩性

2. 场地地震效应

2.1 抗震设防烈度

根据《建筑抗震设计规范》（GB50011-2010）附录 A 的规定，安阳市区的抗震设防烈度为 8 度，设计地震基本加速度值为 0.20g，设计地震分组第一组。

2.2 建筑场地类别

根据波速测试结果，按《建筑抗震设计规范》（GB50011-2010）中第 4.1.3 条判定，场地土类型为中软场地土；根据区域及附近地质资料，场地的覆盖层厚度小于 50 米。

根据区域及现场波速测试结果，场地内 20.0 米深度的等效剪切波速值为 238m/s，按《建筑抗震设计规范》（GB50011-2010）中表 4.1.6 及表 5.1.4-2 的规定，该建筑场地类别为 II 类，场地特征周期值为 0.35 秒。

2.3 场地土液化

根据场地地层、地下水埋藏条件、基底埋深情况，按《建筑抗震设计规范》（GB50011-2010）中第 4.3.3 条判定，该场地可不考虑液化影响。

2.4 抗震地段的划分

该场地内不存在滑坡、崩塌、震陷等影响场地地震稳定的不良作用，场地不存在液化土层，场地稳定，适宜工程建设。根据《建筑抗震设计规范》（GB50011-2010）中第4.1.1条规定，本场地可划分为建筑抗震一般地段。

3. 塔体倾斜检测及稳定性

3.1 数字图像技术测量原理

3.1.1 数字图像的概念

视觉是人类从自然世界获取信息的重要的手段。所谓图像，就是利用各种有效观测手段观测客观世界，并由此获得的可以直接或间接作用于人眼而产生视觉的实体现象，是对客观实体的一种相似性的生动模仿与表述，是对物体的一种不完全的、选择性的、不精确的表述，但在某种意义上是适当的表示方法。图像的存在形式可分为很多种，可以是可视的也可以是不可视的，抽象的或者虚拟的，适于利用计算机处理的或不适于利用计算机处理的。但仅从其本质特性上来说，可以将图像划分为物理图像、虚拟图像和数字图像。

数字图像就是一种将连续的模拟图像经过离散化处理，得到计算机能够辨认的点阵图像，用数字阵列来描述的图像。数字阵列中的数字单位，对应数字图像中的图像组成单位，称之为像素（pixel）。通过对数字图像中每个像素点的颜色和亮度等图像组成要素进行数字化特征的描述，就可以得到适用于计算机处理的图像。

3.1.2 数字图像的获取过程

对数字图像来说，获取图像的过程就是图像被数字化的过程，就是将空间和亮度均连续分布的虚拟图像或物理图像转化成为空间和亮度均呈离散分布的图像的数字化过程。该过程主要有两个方面，即采样和量化。采样就是在图像的X轴、Y轴方向上以一定的间隔均匀划分网格，得到的每一个网格就是一个像素。经过采样过程，连续图像在空间上被离散化为一个M×N的点阵，而每个采样点的灰度值在灰度层级上还是连续的,因此必须将连续的灰度层级分成有限多个层次,此一过程称为量化。数字化过程要求 M 和 N 的值均取整数,并且灰度级 L 为 2 的整数次幂。

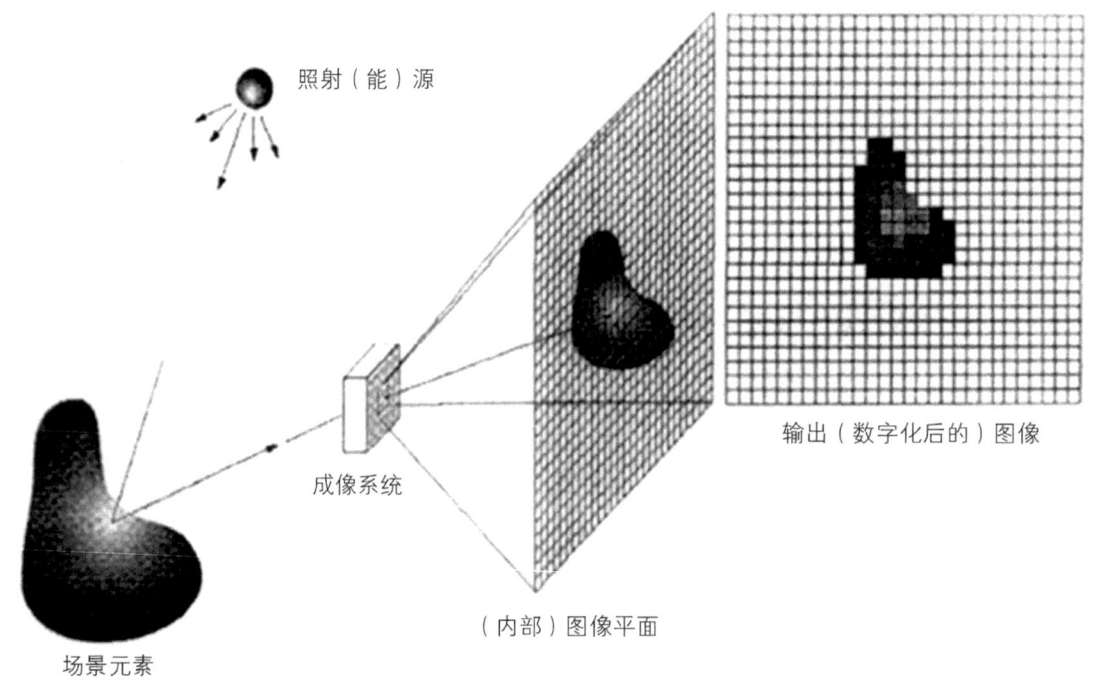

数字图像的获取过程

3.1.3 数字图像分析

数字图像分析则是对数字图像中所感兴趣的目标区域进行扫描、检测和测量,从而获得它们的客观信息并建立对数字图像特征的准确描述。数字图像分析具体分三个步骤:图像分割、目标表达和参数测量。

数字图像分析的过程,通常就是将所关心的数字图像目标从全部图像中提取出来,将某个特定区域与图像中其他部分进行分离并进行提取的过程,又可称为图像分割的过程。因此,也可以把图像分割处理定义为将数字图像分割成互不相交、互不重叠的区域的过程。通俗来讲,图像分割过程也是把数字图像按其特征分成不同的区域并提取出所需目标。这里所指数字图像特征可以是灰度、颜色、纹理等。因为对数字图像的分割处理过程实际上就是区分数字图像中的"前景目标"和"背景"并提取的过程,所以通常也可以称之为数字图像的二值化处理。数字图像分割在数字图像分析、数字图像识别、数字图像检测等领域占异常重要的地位。

数字图像分割一般采用阀值分割法。所谓阀值分割法就是指定一个值，并且指定的值代表与性能有关的实体的一个重要参考指标，如果超过或未达到该值，系统自身会进行辨别过滤并保留具有参考价值的信息的一种手段。该方法是根据图像的灰度值的分布不同的特性来确定某一个阀值对其进行分割的。阀值分割法分割图像有两个主要步骤：首先，确定分割阀值；其次，将分割阀值与像素值比较以对整幅图像中目标物像素和其他像素加以分类。

图像经过阀值化分割后的结果是含有噪音的二值化图像。为了方便对目标物图像进行提取，需进一步对二值图像进行形态学处理。形态学图像处理有两种基本形式：膨胀运算和腐蚀运算。但膨胀运算和腐蚀运算都存在一个弊端，那就是图像经过膨胀运算和腐蚀运算后，图像大小会失真，所以还需经过开运算和闭运算，才可以基本保持目标物图像原有的大小基本不变。

利用 MATLAB 软件，能够对读入的有效图片进行自动处理，能够快速地判别并提取出图像的轮廓。图像处理步骤如下：

（1）用数码相机拍摄出对象物的初始图像，然后对分析区域进行切割处理；

（2）将切割后的图像进行变换，变换为灰度图像；

（3）为提高灰度图像的亮度，对其进行直方图均衡化处理；

（4）进行二值运算，使图像转化为二值图像；

（5）将上述的二值图像进行形态学处理，提取出目标区域。

其具体流程如下图：

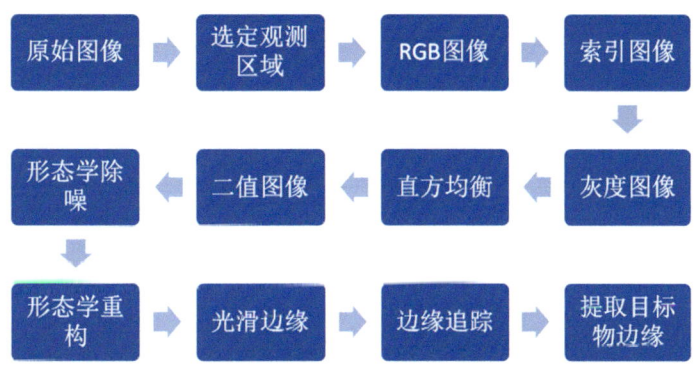

目标物图像分割处理

下面以某构筑物裂缝的计算为例，具体说明：

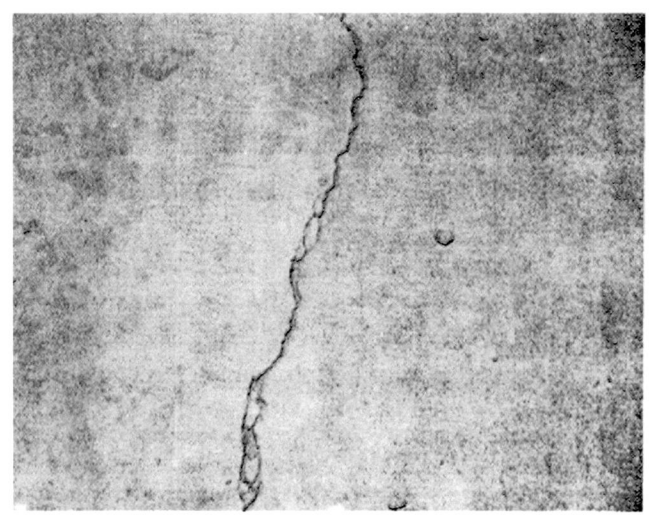

某混凝土路面裂缝原始图像

观测区域 RGB 图像

索引图像

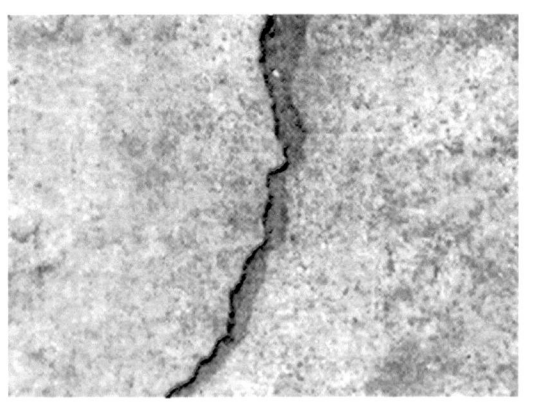

灰度图像

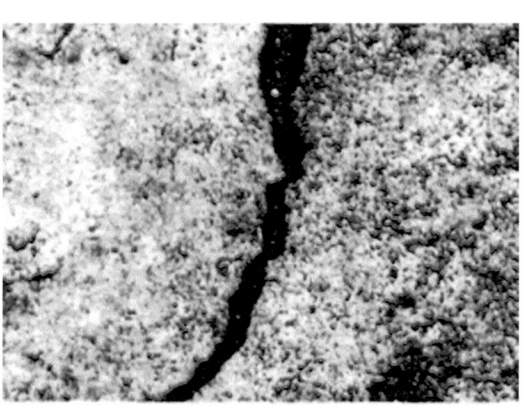

直方均衡后图像

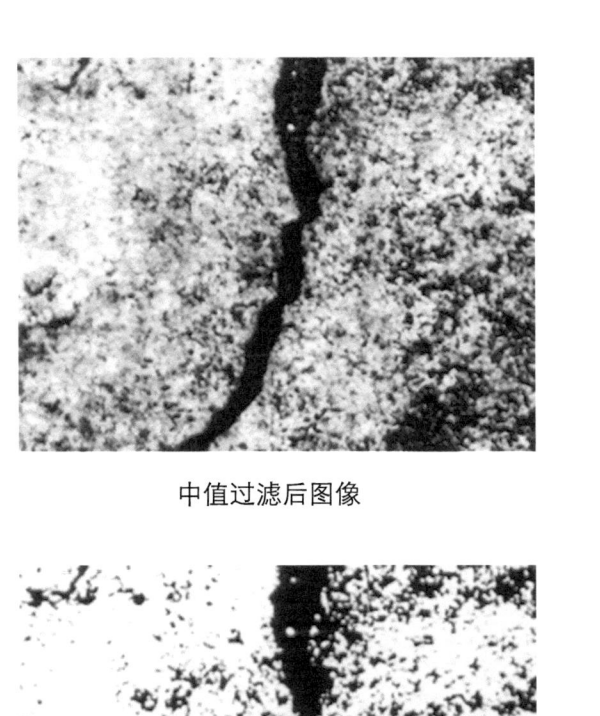
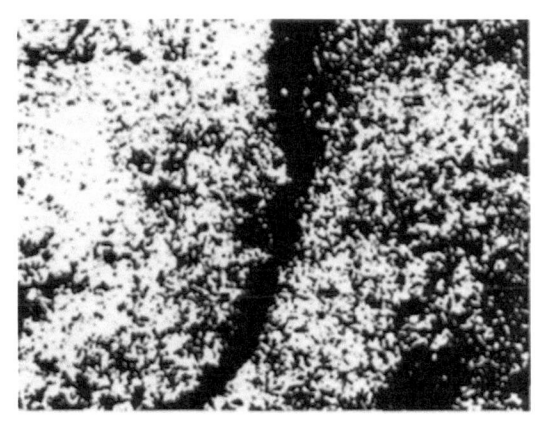

中值过滤后图像　　　　　　　　　　　　二值图像

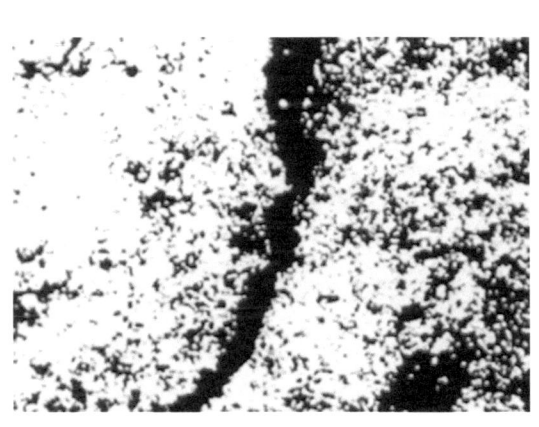
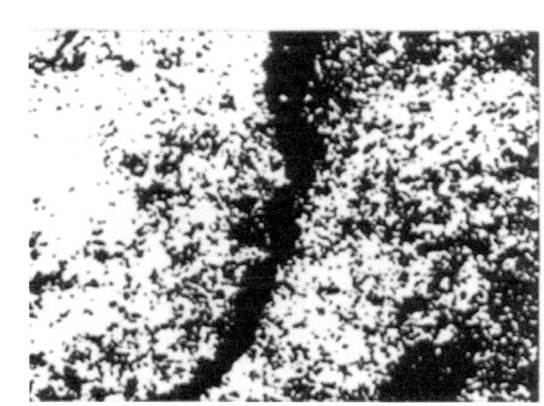

膨胀运算后图像　　　　　　　　　　　　腐蚀运算后图像

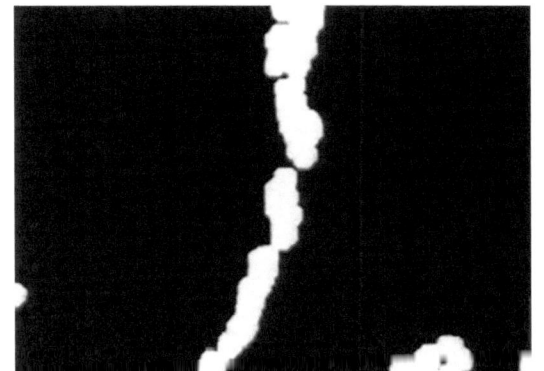
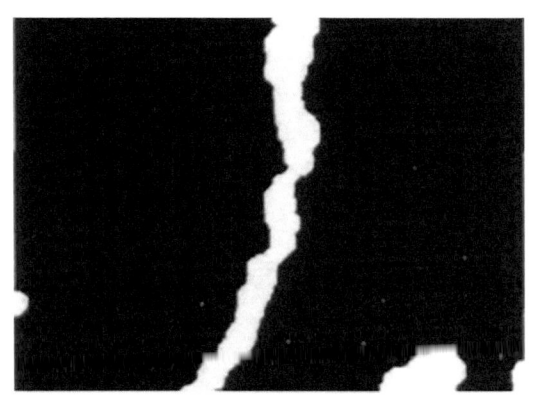

开运算后图像　　　　　　　　　　　　闭运算后图像

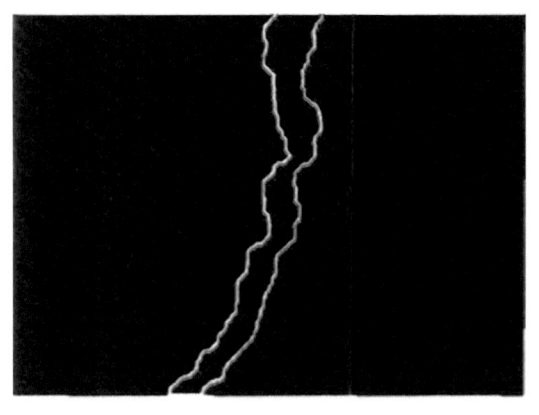
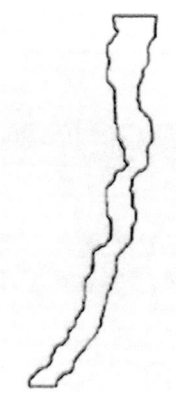

裂缝轮廓 1　　　　　　　　　　　　　裂缝轮廓 2

按程序流程，先选定观测区域并把观测区域剪切出来，然后进行图像变换，接下来进行直方均衡化、滤波处理，之后进行一系列形态学操作，最后提取图像轮廓，在图像轮廓内所包含的部分即为观测区域内的裂缝。

3.1.4 数字图像技术在测量塔倾斜方面的适用性

一般的测量塔体倾斜的方法，受地形、视线限制较大，且计算复杂，工作量大，不容易实现塔体倾斜的快速测量确定。

用数字图像技术测量塔体倾斜变形，即运用照相技术，通过取一条铅垂线作为对照线，把塔体的倾斜变形直观地在照片上显示出来，具有方便快捷、操作简便等优点，克服了传统检测方法的不足。并且，更加直观、更加易于判断。同时，普通的数码相机即可以满足测量的要求，这保证了仪器成本的廉价，很有发展潜力。塔体倾斜图像测量法的廉价、高效、灵活、安全、无接触式测量的优点，使之更适合于对塔体倾斜进行检测。此测量法可实现塔体倾斜的快速量定，有很大的实用价值。

3.2 数字图像技术测量塔体变形的原理

从某个测量方向上，通过把塔体和铅垂线拍摄到一张照片上，并通过数字图像技术展示出塔的轮廓从而确定塔的中心线，通过测量塔中心线和铅垂线之间的角度，把塔体垂直于该方向的倾斜变形直观地在照片上测量出来。

其具体原理介绍如下：

（1）塔体的倾斜，为三维空间的变形，从不同角度观测，可观测到塔体不同的倾斜角度，所以一般情况下需要从每个角度观测塔体和铅垂线的相对角度，其中最大的角度即为塔体的倾斜角度，其对应的倾斜方向即为塔体的倾斜方向。从每个角度都测量塔的倾斜角度是无法实现的，所以可以先在塔的周围均匀地选取一定的测点，一般选取塔体每个面的垂线，然后根据各个测点的测量结果，选取所测倾角较大的点的方位，确定最大倾角所在测点的方位区间，再在此区间内加大测量密度，实现较为精确的测量结果。

（2）每个测点塔体的倾斜角度测量原理如下。

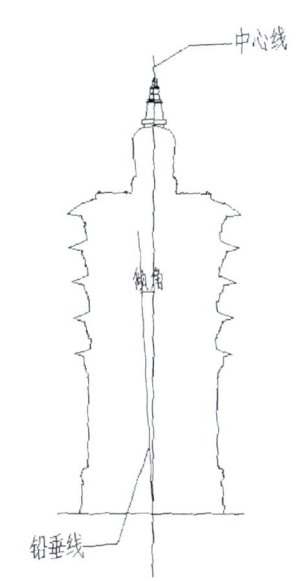

塔体的倾斜角度测量原理图

塔体的倾斜，是指塔的轴线相对于铅垂线的角度，而从每个方向上所看到的塔的倾斜，是塔轴线与铅垂线投影到与视线垂直的平面内所形成的夹角。所以我们可以事先设定好一条铅垂线，铅垂线主要用吊锤悬挂，为避免相机仰视角对两条线夹角的影响，可以尽量使铅垂线在相机视野里通过塔轴线与地面的交点。

为方便实现以上要求，把铅垂线放置在每个塔侧面与地面交线的中点位置，可通过量取地面上塔的两条棱的中点确定，且保证相机法线、铅垂线所确定的铅锤面通过塔轴线与地面的交点。

按照上面的方法测量时，在相机投影的平面上，每个检测方向上，塔轴线与照片中塔的轮廓的中心线是重合的，因此可以通过数字图像技术提取照片上塔的轮廓并取其中心线，测得的该中心线与铅垂线的夹角即为该观测方向上塔的倾斜角度。为减少误差，每个方向上远近不同位置上取三个不同的观测点进行照相。取三点所测角度的平均值。

（3）塔照片的图像分割处理并求倾角，具体如下：

①对采集到的原始图像进行曝光调整和曲线调整。

②在处理之后的图像上划定需要分析计算的观测区域。

③对划定观测区域进行形态学操作等一系列处理，并提取塔的轮廓图。

④在原图上标注出塔的轮廓，并定出其中心线，测得中心线与铅垂线的夹角即为该测量方向上塔的倾斜角度。

⑤根据各个测点的测量结果，选取所测倾角较大的点的方位，确定最大倾角所在测点的方位区间，再在此区间内加大测量密度，实现较为精确的测量结果。

⑥最后比较得出的最大的观测倾斜角度即为塔的倾斜角度，其对应的观测方向的垂直向即为塔的倾斜方向。

3.3 数字图像技术测量塔体变形的操作步骤

具体操作步骤如下：

（1）量取每个塔面与地面交线 l 的中点；

（2）通过该中点确定该塔面与地面交线在地面上的垂线，并选取垂线方向上的三个合适位置作为相机架设点；

（3）在确定的该塔面与地面交线 l 的中点上方架设吊锤，铅垂线要有一定长度以尽量减小误差；

（4）架设相机，尽量保证相机法线在与交线 l 垂直的铅锤面上转动，以减小由于视线不垂直于观察角所在平面引起的角度变化；

（5）调整好相机，使照片中能尽量多地看到塔的部分和铅垂线，照相；然后换到该方向上其他位置重新操作照相；

（6）重新找到另一个塔的侧面，设观察点，重复以上步骤；

（7）根据所取得的照片，进行图像分割处理，提出塔的轮廓，找出塔的中线，量出每张照片上铅垂线与中心线的夹角，即为每个观测方向上塔的倾斜角度；

（8）比较，找出夹角较大的观测点的区间，加大观测密度，且保证每个测点相机法线与铅垂线共面，且该平面通过塔轴线与地面的交点。

（9）综合数据，确定出最大的测量倾角，此角即为塔的实际倾斜角度，其所对应的观测方向的垂直方向即为塔的倾斜方向。

其基本流程图如下。

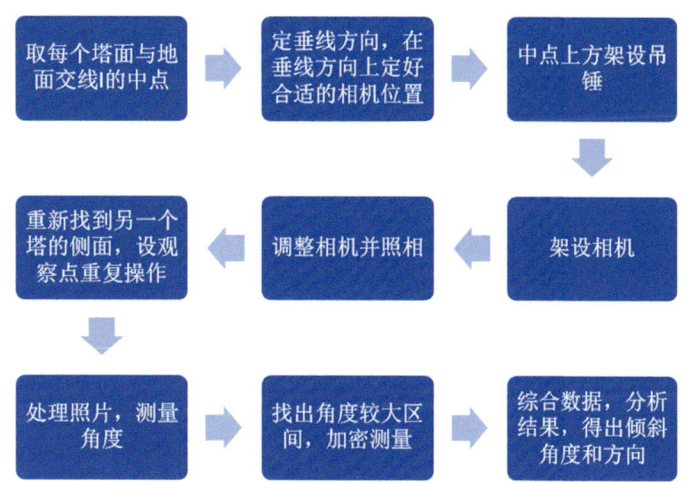

数字图像技术测倾角基本步骤流程图

3.4 测量结果

按照上述测量倾角的基本流程，以实际测量中的一张照片为例，求其中一测点的塔的倾斜角度。

依据照片测量塔的倾斜角度

通过读图，取每幅图中所测角度的平均值，可以得到塔的倾斜角度。综合所测得的数据，如下表所示。

数字图像技术所测塔的倾角统计（度）

方向 测点	南	西南	西	西北	北	东北	东	东南
1	0.693	0.434	0.993	1.199	0.552	0.459	0.934	1.216
2	0.658	0.326	0.916	1.271	0.656	0.367	1.017	1.221
3	0.623	0.537	0.937	1.238	0.786	0.443	0.973	1.265
平均值	0.658	0.432	0.917	1.236	0.665	0.423	0.975	1.234

由以上数据分析可得，在东南方向和西北方向上的测点测得的塔的角度较大，判定塔的倾斜方向在东、南方向之间，因此我们可以在塔的东、南方向之间加大测量密度，细化测量方向，得数据如下表。

东、南方向之间加密测点所得的测量数据（度）

方向 测点	东偏南15°	东偏南30°	东南	东偏南60°	东偏南75°
1	1.223	1.305	1.216	0.986	0.783
2	1.252	1.269	1.221	0.945	0.801
3	1.241	1.288	1.265	0.912	0.742
平均值	1.239	1.288	1.234	0.948	0.775

基于MATLAB软件，通过自编程序和数字图像处理技术，测得角度1.288度为塔的最大倾角，塔的倾斜方向为东偏南30度左右。塔的重心仍在塔身范围内，在允许值之内，符合稳定性要求。

4. 塔基承载力检测及稳定性

4.1 塔基检测方法

塔基检测需要遵循一定的程序。检测遵循工作程序，有利于提高检测工作的有序性和严谨性，可以使检测工作真正做到为后面设计、施工提供资料。具体的检测程序如下：

（1）调查、资料收集；

（2）制订检测方案，做前期准备，内容应包括工程概况、地质概况、检测目的、检测依据、抽检原则、所需的机械或人工配合、检测采用的设备等；

（3）现场探槽检测；

（4）检测结果评价。

检测的主要内容包括以下方面：

（1）探明墙体及塔基基础形式；

（2）探明墙体的强度；

（3）通过计算确定地基承载能力能否满足要求；

（4）基础安全性结果评估。

4.2 基础形式及墙体质量检测

为查明建筑物基础形式及完整性情况，可以选择塔体周边合适位置进行开挖探槽，如下图所示。

基础探槽

通过开挖探槽可知，古塔的基础为一级放脚，放脚高 15 厘米，宽 4 厘米，基础埋深为 120 厘米，地基上部为杂填土，下部为三七灰土，灰土层厚 150 厘米；开挖时未见地下水。下图为塔基础形式图。

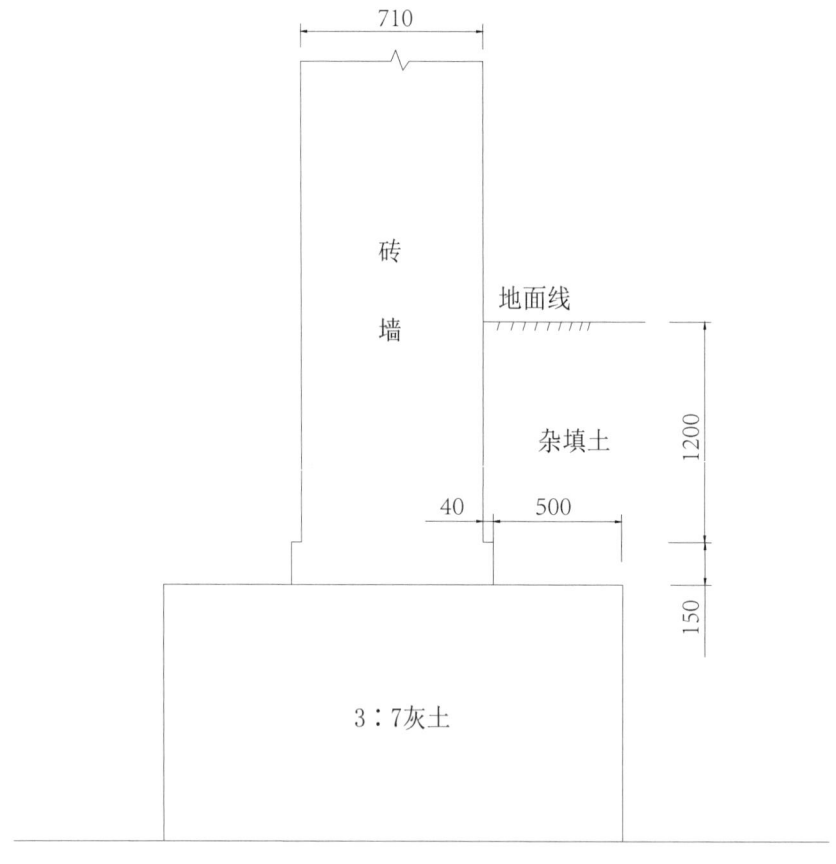

塔基础形式（单位：毫米）

墙体的强度，采用混凝土回弹仪测量。混凝土回弹仪是用一弹簧驱动弹击锤并通过弹击杆弹击混凝土表面，其产生的瞬时弹性变形的恢复力，可使弹击锤带动指针弹回并指示出弹回的距离。以回弹值（弹回的距离与冲击前弹击锤与弹击杆的距离之比，按百分比计算）作为混凝土抗压强度相关的指标之一，来推定混凝土的抗压强度。如下图所示。

混凝土回弹仪测不同点位墙体强度（一）

混凝土回弹仪测不同点位墙体强度（二）

混凝土回弹仪测不同点位墙体强度（三）

混凝土回弹仪测不同点位墙体强度（四）

通过对塔周围的墙体进行测量，得到的结果如下表。

墙体混凝土回弹仪检测数据

测点	1	2	3	4	5	6	7	8
现场检验回弹值	42.5	41.8	40.6	44.2	43.7	43.6	41.2	42.4
抗压强度设计值（MPa）	13.4	12.6	11.3	15.2	14.7	14.7	12.0	13.3

通过对测得数据进行分析，可以看出，墙体强度的最小值为11.3MPa，平均值为13.4MPa。由于墙体表面酥碱，导致墙体表面强度不高，但墙的内部保存较好，墙的整体具有很高的强度。按《烧结普通砖》可判定天宁寺塔墙体砖的抗压强度等级是MU10，砂浆的抗压强度等级为MU5，古塔塔身及塔基砖墙强度基本满足规范规定的强度要求。

4.3 地基承载力

地基承载力是指地基土单位面积上所能承受的荷载，通常把地基土单位面积上所能承受的最大荷载称为极限荷载或极限承载力（kPa）。由勘查报告可知，塔下基础无软弱下卧层，因此不需要进行软弱下卧层的验算，只需进行地基承载力的验算。

通过资料分析和有限元建模可知，天宁寺塔重4050吨，塔基础底面的面积约为 $15.56 \times 15.56 = 242.11$ 平方米，则基础底面的平均压力约为

$$p = \frac{G}{S} = \frac{4050 \times 1000 \times 9.81}{242.11} = 164.1 \text{ kPa}$$

由安阳大地勘探工程有限公司撰写的《天宁寺地质勘查报告》可知，第一层杂填土层的地基承载力特征值 f_{ak} 为70kPa，第二层为地基持力层，其地基承载力特征值 f_{ak} 为140kPa。考虑到开挖探槽时，基础底部采用三七灰土换填杂填土，塔体基础的地基承载力取140kPa。

地基承载力确定之后，应对地基承载力进行修正。当基础宽度大于3米或埋置深度大于0.5米时，经载荷试验或其他原位测试经验值等方法确定的地基承载力特征值尚应按下式修正：

$$f_a = f_{ak} + \eta_b \gamma (b-3) + \eta_d \gamma_m (d-0.5)$$

式中，f_a—修正后的地基承载力特征值；

f_{ak}——地基承载力特征值，为 140kPa；

η_b、η_d——基础宽度和埋深的地基承载力修正系数，按基底下土的类别查下表取值，η_b=0，η_d=1.0；

γ——基础底面以下土的重度，地下水位以下取浮重度；

b——基础底面宽度（米），当基宽小于 3 米时按 3 米，大于 6 米时按 6 米取值；

γ_m——基础底面以上土的加权平均重度，地下水位以下取浮重度；

d——基础埋置深度（米），一般自室外地面标高算起，在填方整平地区可自填土地面标高算起，但填土在上部结构施工后完成时，应从天然地面标高算起，d=4.7 米。

承载力修正系数

土的类别		η_b	η_d
淤泥和淤泥质土		0	1.0
人工填土 e 或 IL 大于等于 0.85 的黏性土		0	1.0
红黏土	含水比大于 0.8；	0	1.2
	含水比小于等于 0.8	0.15	1.4
大面积压实填土	压实系数大于 0.95，黏粒含量大于等于 10% 的粉土；	0	1.5
	最大干密度大于 2.1t/m³ 的级配砂石	0	2.0
粉土	黏粒含量大于等于 10% 的粉土；	0.3	1.5
	黏粒含量小于 10% 的粉土	0.5	2.0
	e 及 IL 均小于 0.85 的黏性土；	0.3	1.6
	粉砂、细砂；	2.0	3.0
	中砂、粗砂、砾砂、碎石土	3.0	4.4

按（a）式对地基承载力特征值进行修正：

$$f_a = f_{ak} + \eta_b \gamma (b-3) + \eta_d \gamma_m (d-0.5) = 140 + 0 + 1.0 \times 19.5 \times 4.2 = 221.9 \text{KPa}$$

得 f_a 为 221.9kPa，大于基础底面的平均压力，因此，地基承载力满足要求。

5. 塔体稳定性仿真

5.1 有限元软件 ANSYS

ANSYS 是一种大型的通用有限元分析软件，被广泛应用于各个工程领域。由于工程中的结构结合外形复杂，所受荷载也相当多，通过理论分析进行求解往往无法进行，而通过有限元软件获得数值解是很好的解决办法。ANSYS 主要分析实际结构在受到外载荷作用后所出现的位移、应力、应变等响应，根据响应可以知道结构所处的状态。

1970 年，Swanson 博士创建了 ANSYS 公司，总部位于美国宾夕法尼亚州的匹兹堡。历经 40 多年的发展，在世界范围内，ANSYS 软件已经成为土木建筑行业 CAE 仿真分析软件的主流，在钢结构和钢筋混凝土房屋建筑、体育场馆、桥梁、大坝、砼室、隧道以及地下建筑等工程中得到广泛的应用。ANSYS 软件在中国的很多大型土木工程中都得到了应用，如上海金茂大厦、国家大剧院、黄河下游特大型公路斜拉桥、龙首电站大坝、二滩电站和三峡工程等都利用 ANSYS 软件进行了有限元仿真分析。

有限元分析基本过程

对于不同物理性质和数学模型的问题，有限元求解法的基本步骤是相同的，只是具体公式推导和运算不同。对于常用的结构分析，有限元分析过程可以分为以下七个步骤：

（1）结构离散化

将结构分割成有限个单元体，并在单元体的指定点设置节点，使相邻单元的有关参数具有一定的连续性，并构成一个单元的集合体，以单元集合体来代替原来的结构。

（2）选择位移模式

在有限元方法中，选择节点位移作为基本未知量时称为位移法；选择节点力作为基本未知量时称为力法；取一部分节点力和节点位移作为基本未知量时称为混合法。位移法易于实现计算自动化，所以，在有限元法中位移法应用范围最广。当采用位移法时，物体或结构离散化之后，就可以把单元中的一些物理量，如位移、应变和应力等用节点位移来表示。这时，可以对单元中位移的分布采用一些能逼近函数的近似函数予以描述。通常，有限元法就将位移表示为坐标变量的简单函数，这种函数称为位移模式或位移函数，通常采用多项式作为位移模式。

（3）推导单元刚度矩阵

根据单元的材料性质、形状、尺寸、节点数目、位置及其含义，找出单元节点力和节点位移的关系式，这是单元分析中关键的一步。此时，需要应用弹性力学中的几何方程和本构关系来建立力和位移的方程式，从而推导出单元刚度矩阵。

（4）计算等效节点力

物体离散化后，假设力是通过节点从一个单元传递到另一个单元。但是，对于实际的连续体，力是从单元的公共边传递到另一个单元中去的。因而，这种作用在单元边界上的表面力、体积力和集中力都需要等效地移到节点上去，也就是用等效的节点力来代替所有作用在单元上的力。

（5）集合所有单元的平衡方程，推导总体刚度矩阵

组集总体刚度矩阵，总体刚度矩阵为 $[K]$。由总体刚度矩阵形成的整个结构的平衡方程为

$$[K]\{\delta\} = [F] \tag{6-1}$$

上述方程在引入几何边界条件时，应进行适当修改。

（6）求解未知节点位移和计算单元应力

对平衡方程进行求解，解出未知的节点位移，然后根据前面给出的关系计算节点的应变和应力以及单元的应变和应力。

（7）整理并输出结果

通过该步骤可以输出应力、应变以及位移等值。

5.2 塔体模型

ANSYS 程序可以用自底向上和自顶向下两种方法建立模型。根据甲方提供图纸和项目组对塔体的实际测量尺寸，综合这两种建模方法，并在适当位置进行布尔运算，对塔刹和塔檐进行适当简化，从而建立了三维有限元整个塔体模型，模型如下图所示。

整体坐标系：X 方向为西偏北 25 度，Y 方向为南偏西 25 度，Z 方向为竖直方向向上。

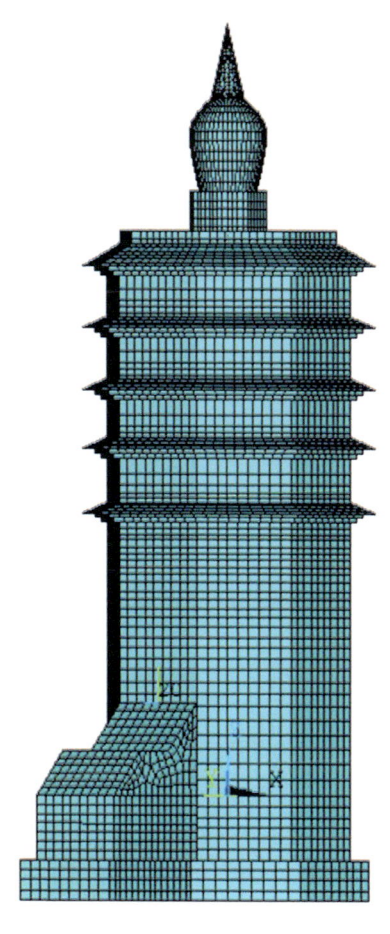

| 塔体有限元模型 | 模型网格剖分 |

5.2.1 材料属性

欲对砖石古塔进行分析鉴定，首先必须确定古塔材料特性。为了保护属于古代文物的古塔建筑，不允许对建筑材料进行取样或原位实验，因此古塔材料强度特性的测定受到不少的限制，给古塔的研究及维护加固带来不便。

在天宁寺塔调研过程中，未曾对其进行材料性能试验，在材料特性取值时参照了以往文献提供的砖墙材料特性参数，具体参数取值如下：砖标号取 MU15，砂浆标号取 M0.4，砌体弹性模量参照砌体结构设计规范取值 E=700f，f 为砌体抗压强度设计值，值取为 1.22MPa，即 E=700f=784MPa，泊松比为 0.15，密度为 1900 千克/立方米。

5.2.2 单元类型

本文采用三维 20 节点实体单元 SOLID95 来模拟塔体，单元每个节点分别沿着三个坐标轴方向有三个平动自由度，同时SOLID95单元是比三维8节点固体单元SOLID45更高级的单元。它能够吸收不规则形状的单元而做到精度没有损失。SOLID95单元有可并立的位移形状并且对于曲线边界的模型能很好地适应。本文对古塔进行线弹性分析，并且假定砖砌体SOLID95单元为各向同性材料。

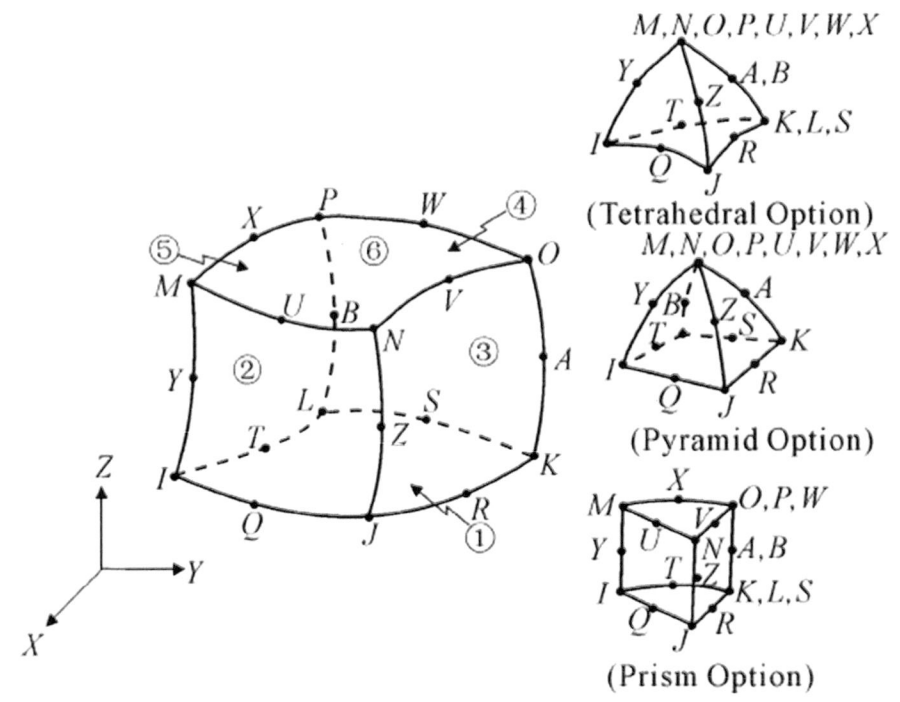

SOLID95单元模型

5.2.3 网格划分

ANSYS的网格划分有两种：自由网格划分（Free meshing）和映射网格划分（Mapped meshing），自由网格对于单元形状没有限制，也没有特别的应用模式。其缺点是分析精度往往不够高。所以为了克服自由网格划分的不足，本模型的划分采用映射网格划分，将模型全部划分为六面体单元，共有55358个单元，279429个节点。

5.2.4 计算工况

考虑到天宁寺塔的实际受力情况，计算采用以下三种工况：工况一，只考虑塔体自重；工况二，考虑塔体自重和风荷载；工况三，考虑塔体自重和地震荷载。

工况二中，安阳属温带大陆性气候，四季分明，主要气象条件按市气象局出具的资料和国家《采暖通风与空气调节设计规范》GBJ19-87（2001年版）摘录如下：

最大风速 m/s	平均风速 m/s	冬季主导风向及频率	夏季主导风向及频率	年平均气温摄氏度
22	2.4	东风 14	南风 14	13.6

计算风对塔体影响时，取最大风速 22 米 / 秒，风向以最不利状态选取，即风向为倾斜反方向。

根据伯努利方程得出风—压关系，风的动压为：

$$w_p = 0.5 r_0 v^2 \tag{6-2}$$

其中 w_p 为风压（kN/m^2），r_0 为空气密度（kg/m^3），v 为风速（m/s）。

在标准状态下（气压 1013hPa，温度 15 摄氏度），空气重度 $0.01225kN/m^3$，重力加速度 $g=9.8m/s^2$ 时，代入最大风速 22m/s，求得风压为 $0.3025×10^{-3}MPa$。

工况三中，设计反应谱采用标准反应谱，Ⅰ类场地的特征周期 T_g 为 0.2 秒，设计反应谱最大代表值 β_{max} 为 2.25，下限代表值 β_{min} 取为最大代表值的 20%，反应谱计算公式见式（6-3），$\beta_T \sim T$ 曲线见下图。

$$\beta(T) = \beta_{max} \left(\frac{T_g}{T} \right)^{0.9} \tag{6-3}$$

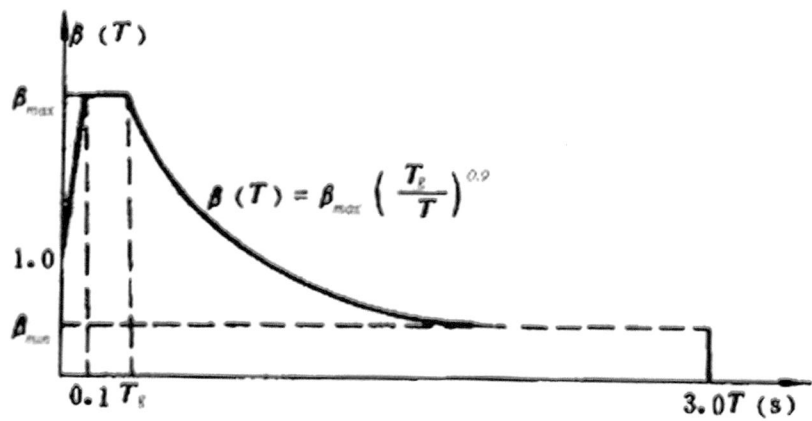

设计反应谱

5.3 计算结果

5.3.1 工况一和工况二

对塔体有限元模型进行计算，提取模型在工况一和工况二下的位移和应力，位移和应力值见下表，工况一、工况二下的位移云图和应力云图分别见下图。

塔体在不同工况下的位移和应力

计算工况	方向	节点位移（毫米）			节点力（MPa）	
		最小	最大	总最大位移	最小应力	最大应力
工况一（自重）	x	−4.476	0.260	20.46	−0.151	0.879
	y	−0.153	12.806		−0.161	0.399
	z	0.000	16.195		−0.185	1.451
工况二（自重+风荷载）	x	−4.290	0.264	20.71	−0.151	0.881
	y	−0.150	13.252		−0.161	0.398
	z	0.000	16.291		−0.186	1.456

由上表可知，在自重工况下，塔体最大的节点位移在竖直方向上，为 16.195 毫米，水平 y 方向上的最大位移为 12.806 毫米，塔体的总位移为 20.46 毫米；塔体的最大应力为压应力，应力值为 1.451MPa，最小应力为 −0.185MPa。在自重+风荷载工况下，塔体最大的节点位移在竖直方向上，为 16.291 毫米，水平 y 方向上的最大位移为 13.252 毫米，塔体的总位移为 20.71 毫米；塔体的最大应力为压应力，应力值为 1.456MPa，最小应力为 −0.186MPa。

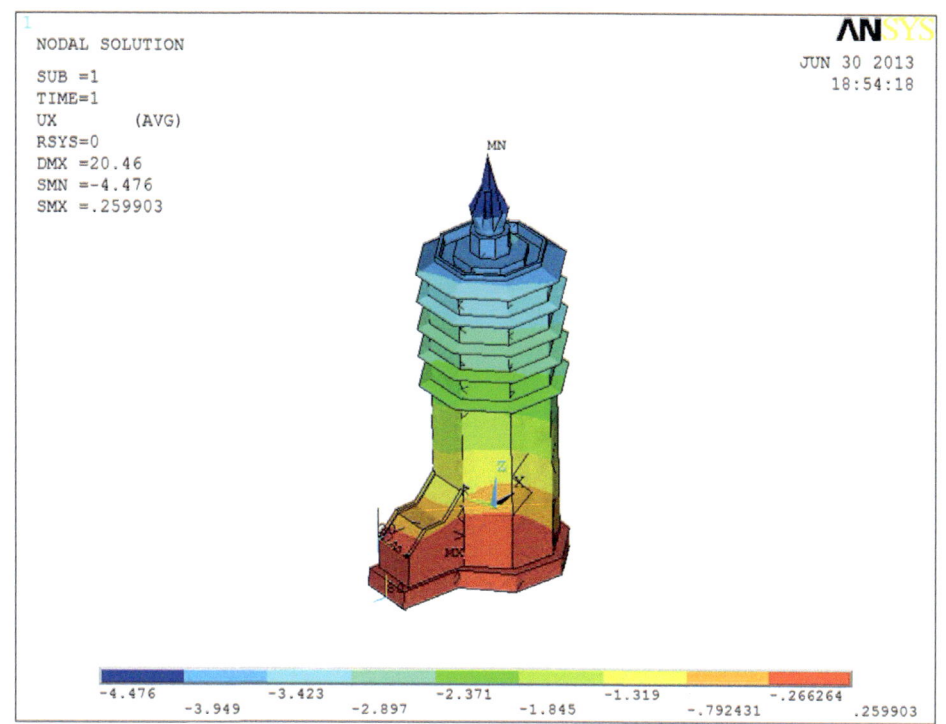

X 方向位移

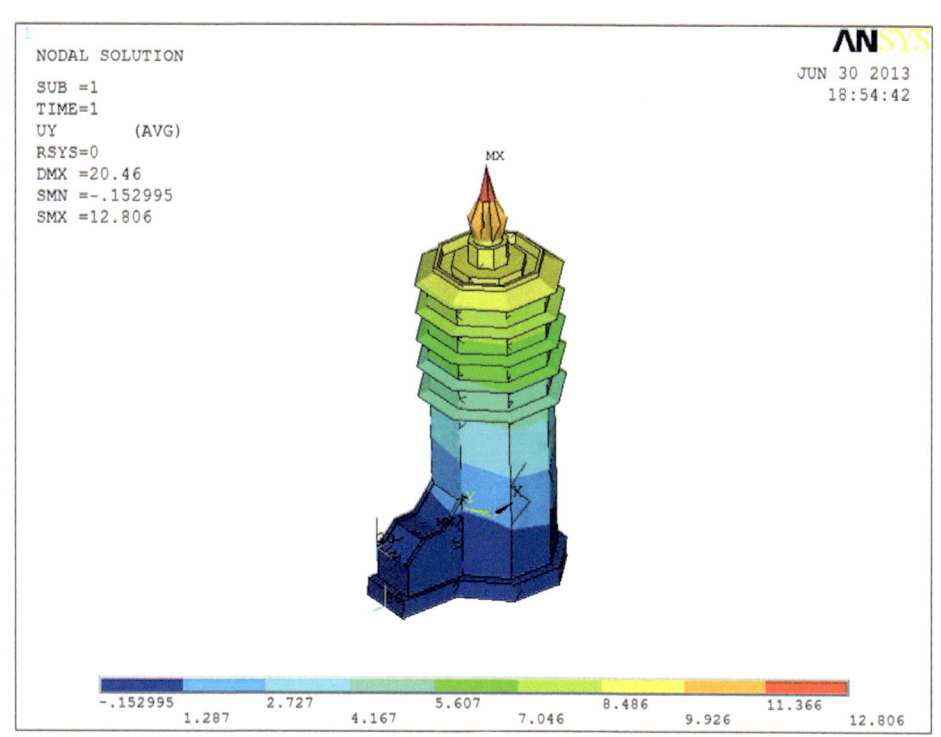

Y 方向位移

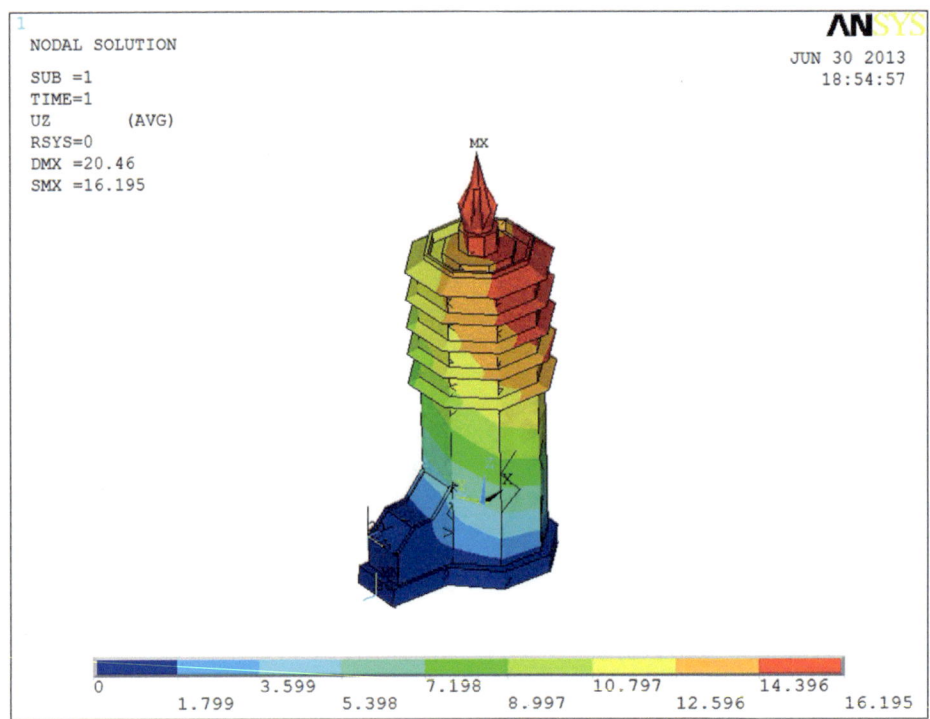

Z 方向位移

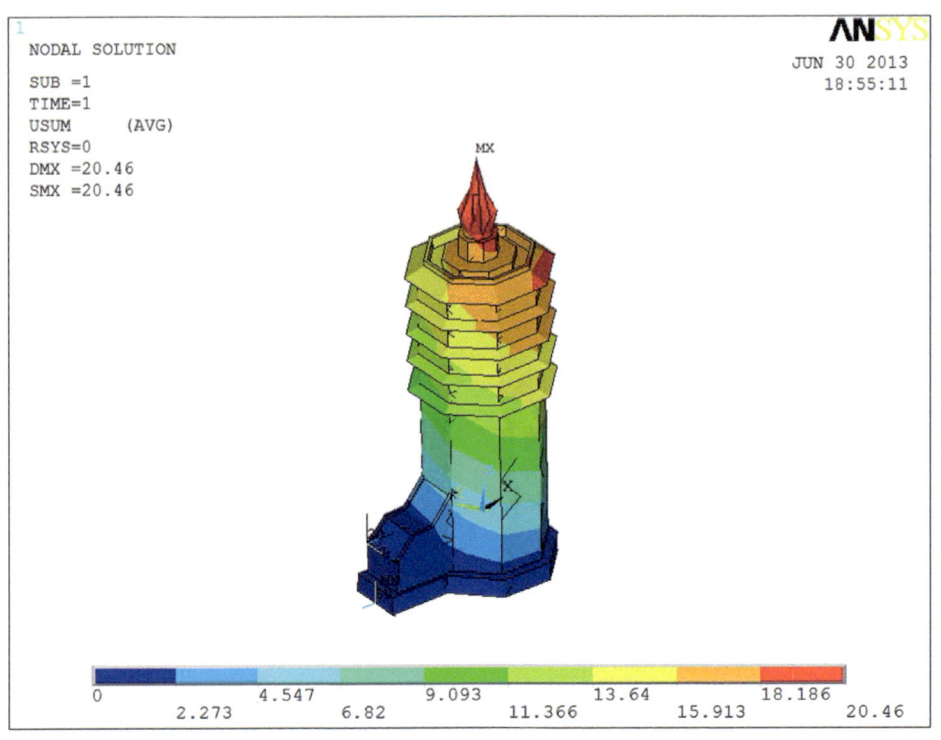

塔体总位移

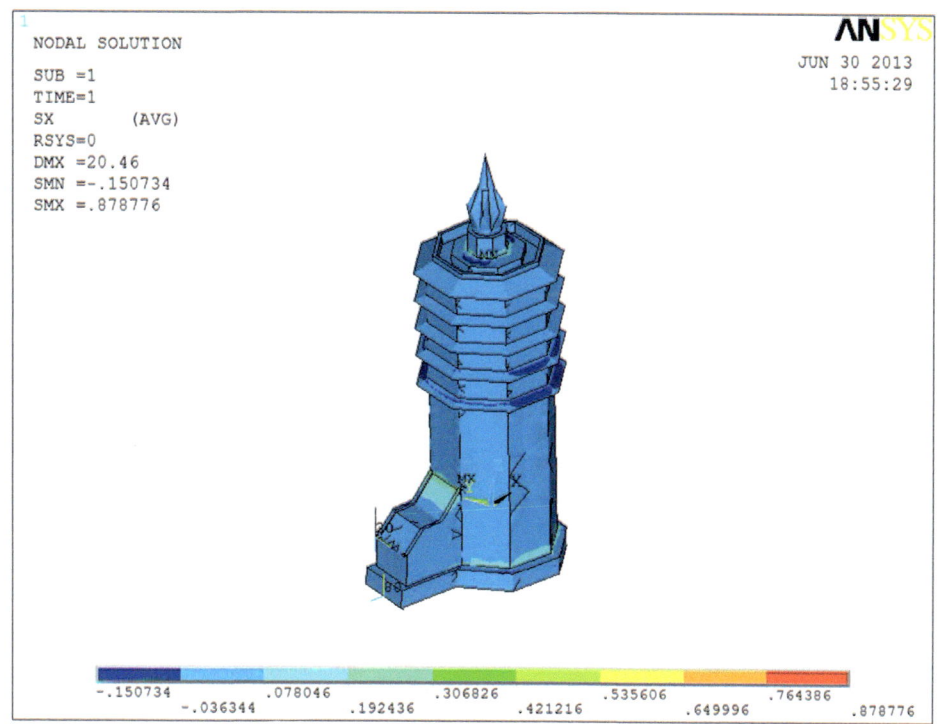

X 方向应力

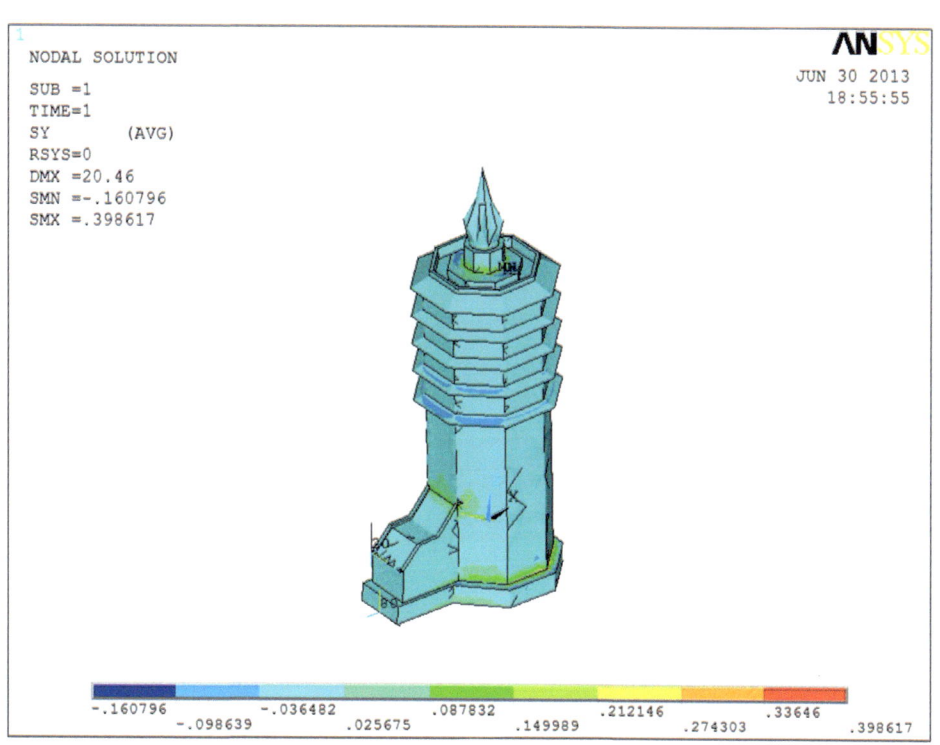

Y 方向应力

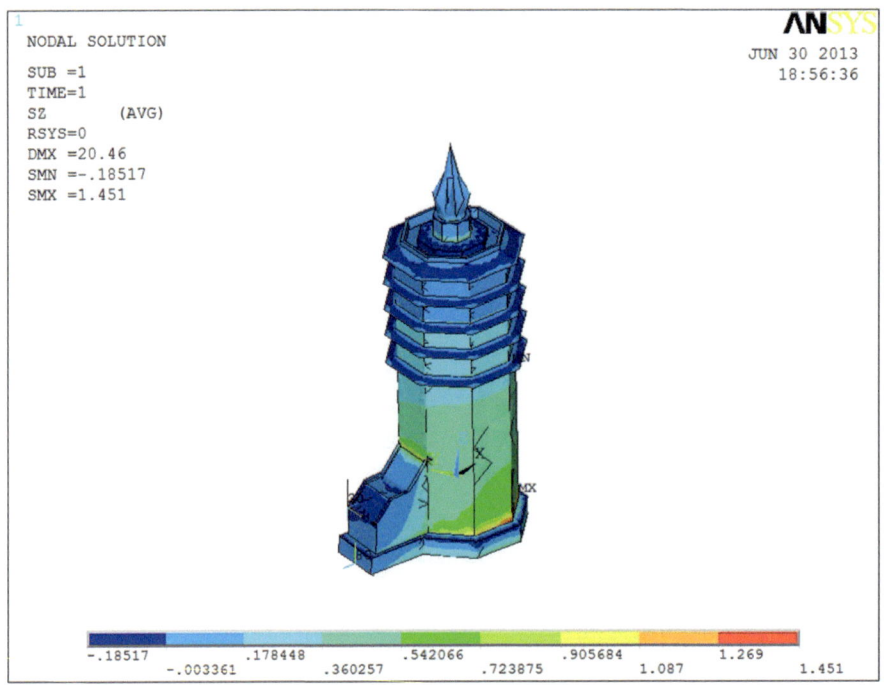

Z 方向应力

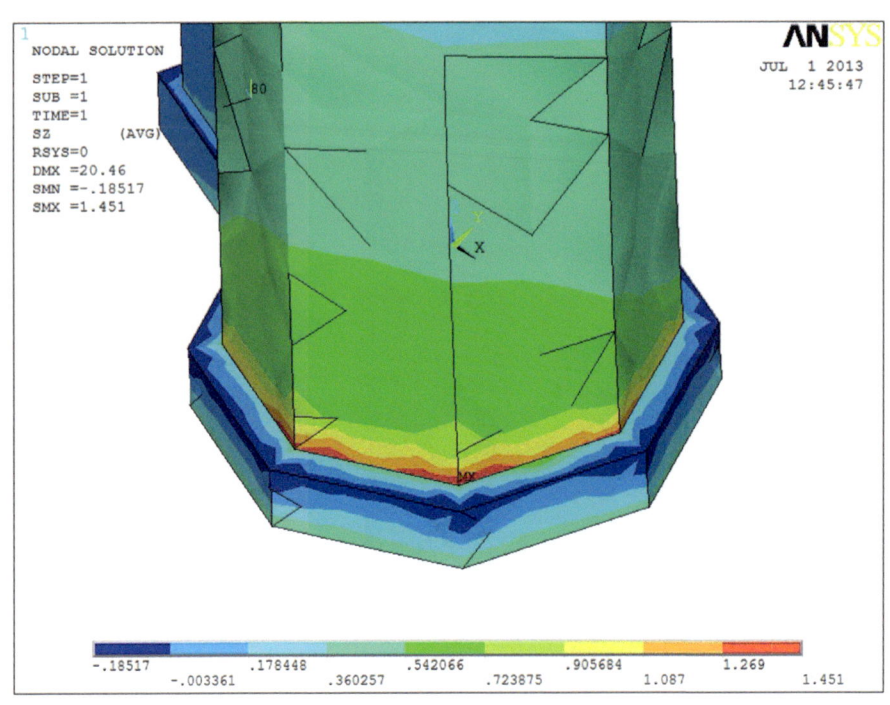

Z 方向最大应力

工况一下塔体的位移和应力

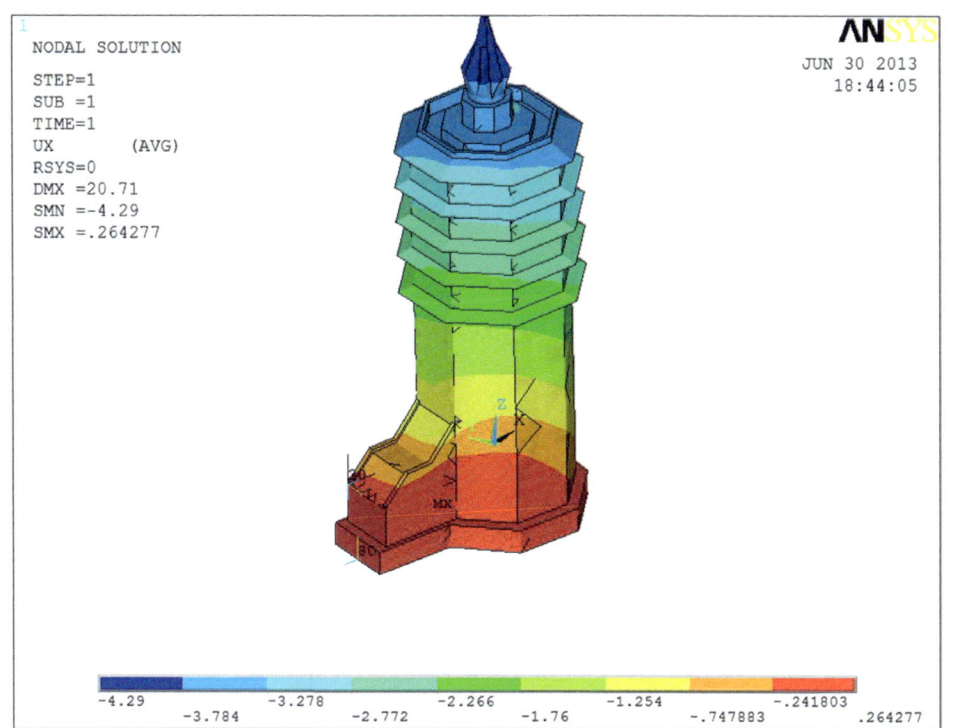

X 方向位移

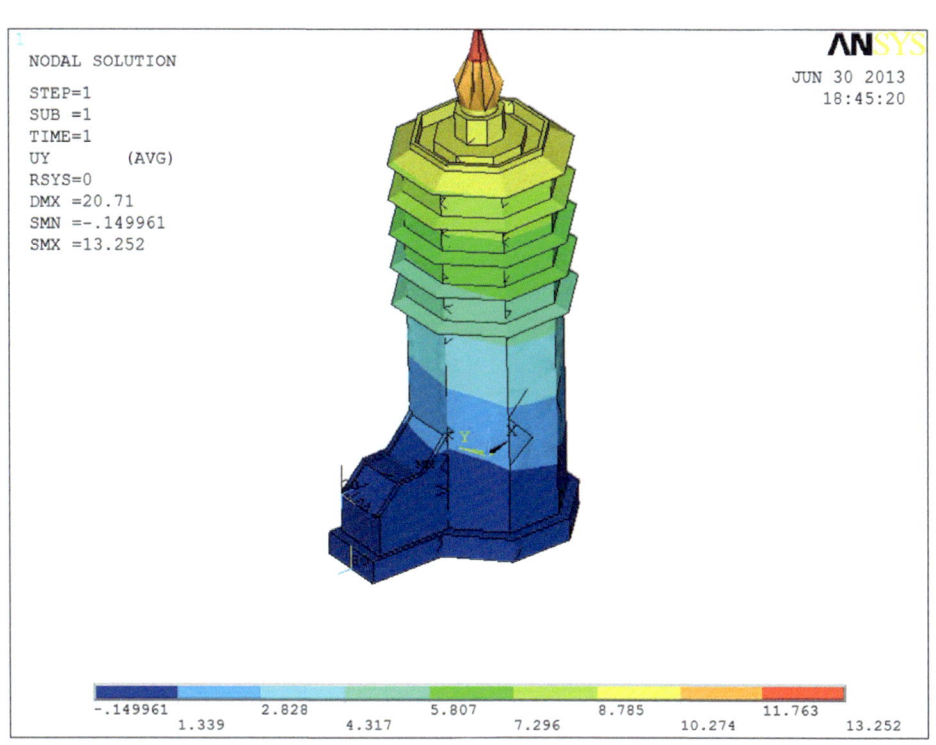

Y 方向位移

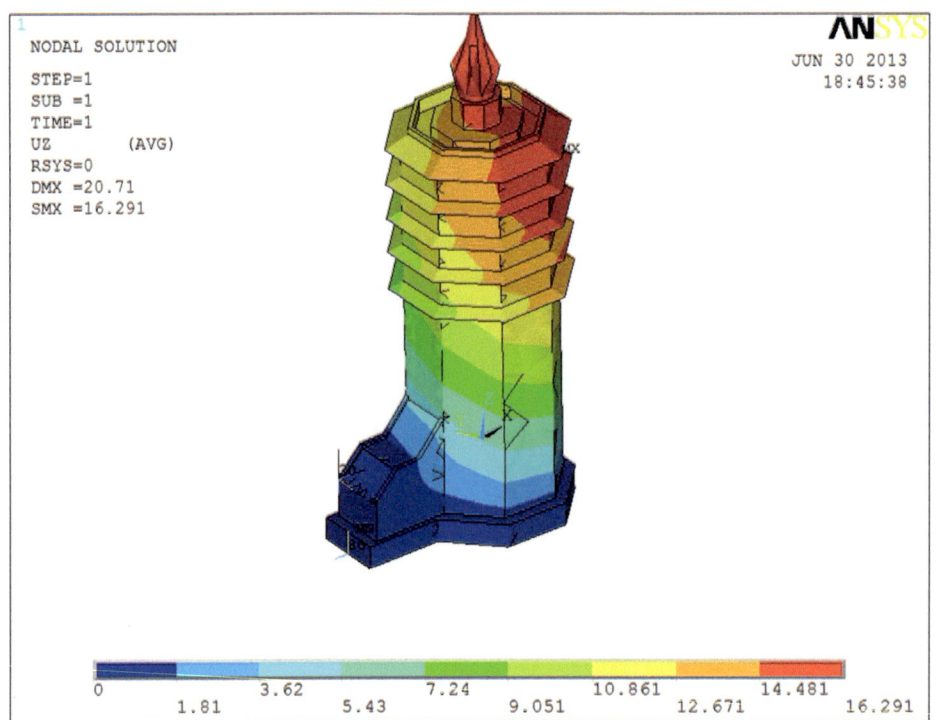

Z 方向位移

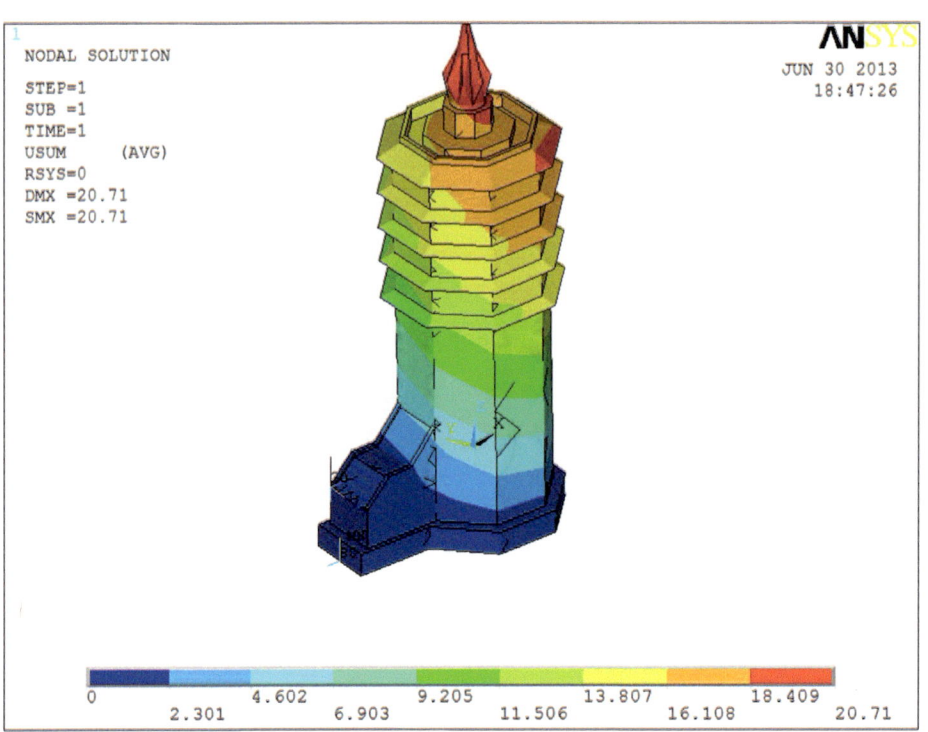

塔体总位移

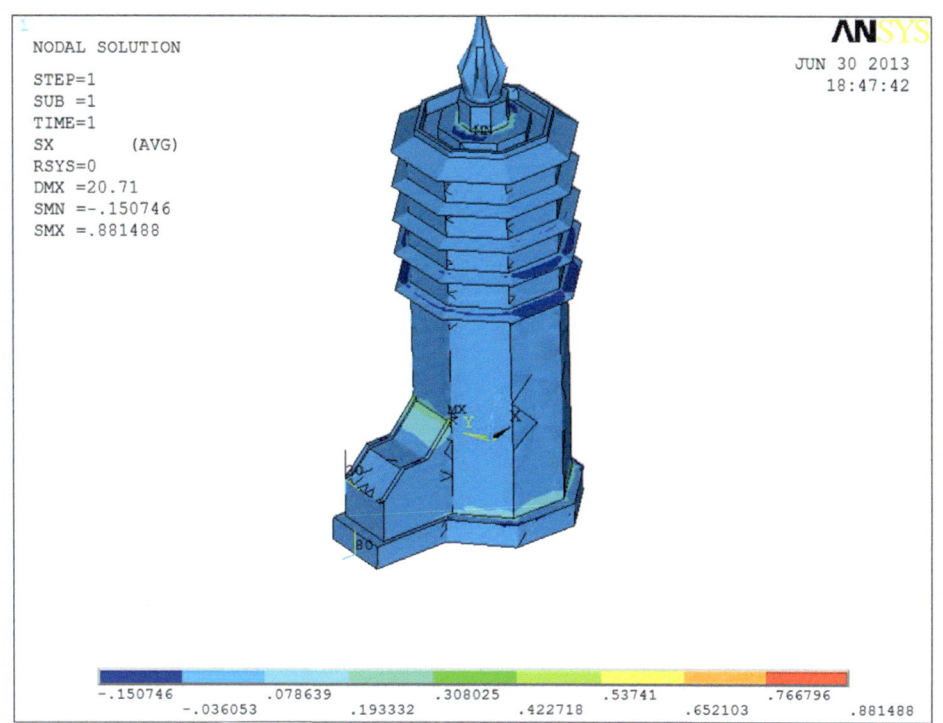

X方向应力

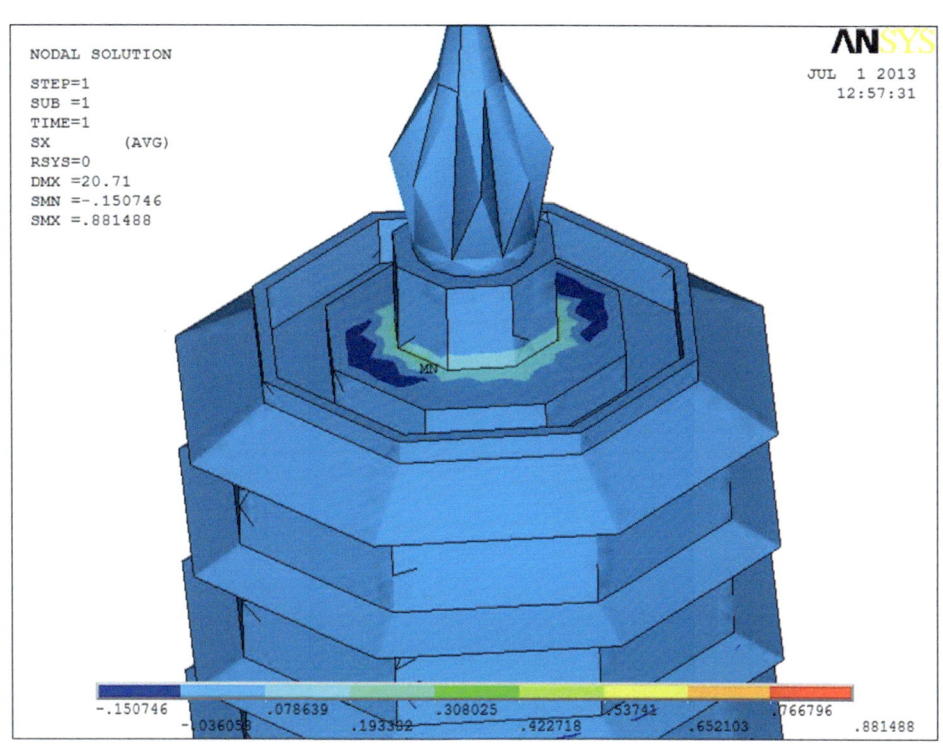

X方向最大拉应力

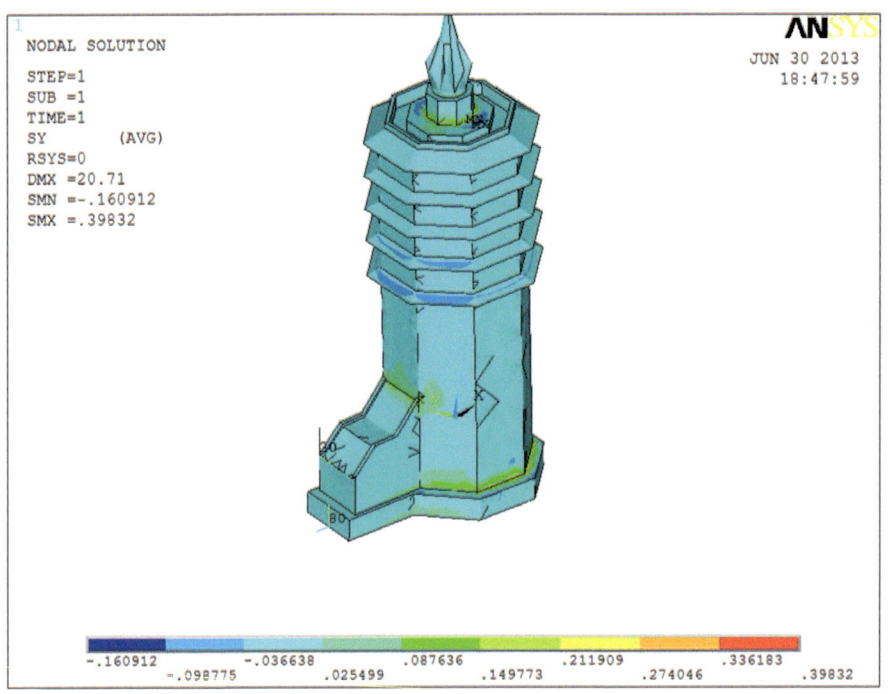

Y 方向应力

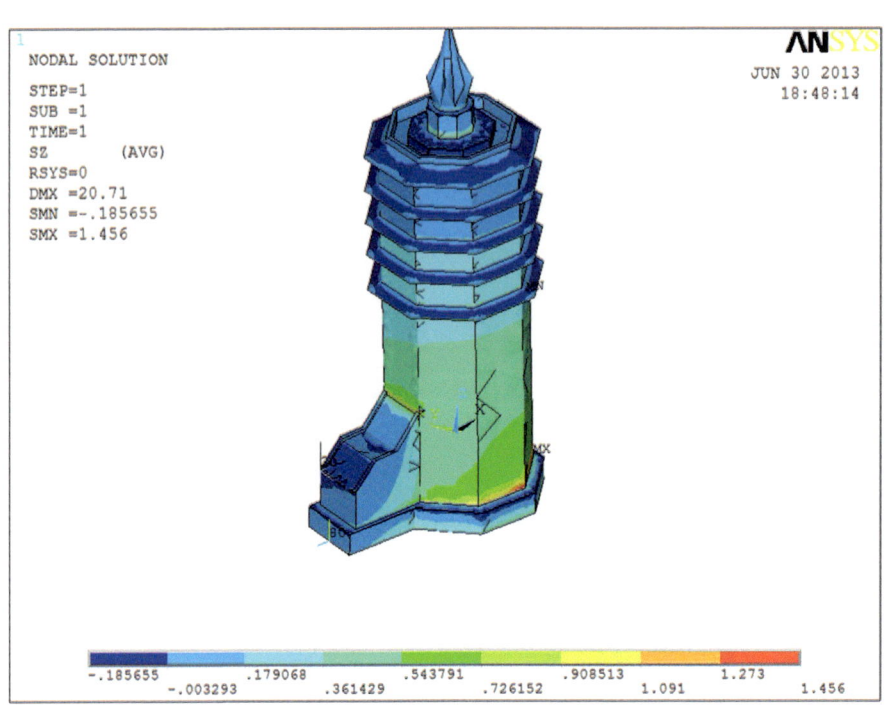

Z 方向应力

工况二下塔体的位移和应力云图

在分析塔体最大、最小应力时，取砖强度为MU15，砂浆标号为M0.4，则由砌体规范可求得轴心抗压强度标准值为f_{tk}=1.68MPa，弯曲抗拉强度标准值为f_{tmk}=1.68MPa，当材料应力达到这种状态时，认为塔体的材料被破坏。

在自重工况下，最大拉应力为1.451MPa，最大压应力为0.185MPa；在自重和风荷载工况下，最大拉应力为1.456MPa，最大压应力为0.186MPa，均未超过砌体的抗压强度标准值与弯曲抗拉强度标准值。从以上结果可以看出，塔体结构在以上两种工况下稳定。

5.3.2 工况三

地震是自然灾害中最严重的一种灾害，其对塔的危害最大。绝大多数塔的倒塌，都是大地震造成的，所以说地震对塔的破坏是最大的。

砖石结构具有构造简单、可就地取材等优点，又加之其较木结构具有耐火、防朽、防蚁虫害等优点，从而取代木结构，成为古塔结构的主流，并得以大量保存至今。但由于砖石结构的脆性性质，其抗拉、抗剪、抗弯的能力很低，因而在地震中抵抗地震灾害的能力较差，所以每经历一次地震，古塔便不可避免地会遭受到不同程度的破坏。古塔的地震破坏形式主要有以下几种：塔刹震歪或震落、顶部震塌、沿塔竖向中轴线劈裂和角部塔檐震损。

从砖石古塔的震害情况来看，塔的装饰部分，如塔刹、塔檐角等容易受到损坏，这种震害还是局部性的。其次是塔的顶部由于长期受雨水、风以及树木等自然环境要素侵蚀，导致黏结材料的强度降低，又因其塔顶部松散，致使遭遇地震时极易发生震塌、震落现象。而顶部断面较小，在地震剪力作用下，个别塔也可能沿上部某个水平面发生破坏，但此种情况较为少见。在强烈地震中，砖石古塔沿中轴线劈裂是比较普遍的现象，它是导致古塔严重破坏以至倒塌的重要原因和标志，也是研究地震对砖塔的破坏机理的重要标准，应作为古塔抗震的重点，因此下面着重对剪应力进行分析。

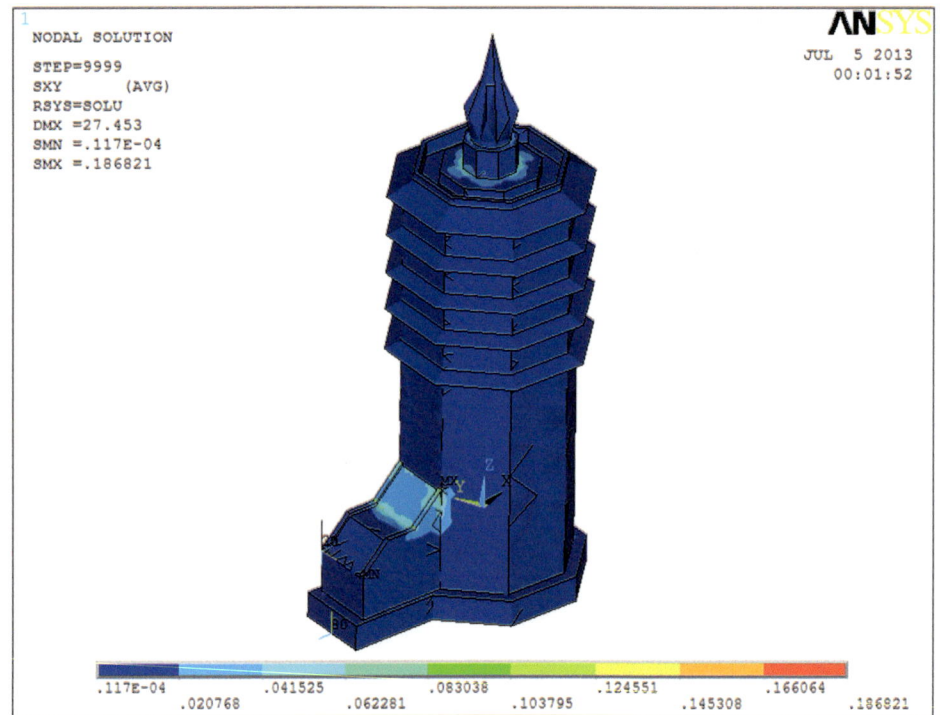

X-Y 方向剪应力云图

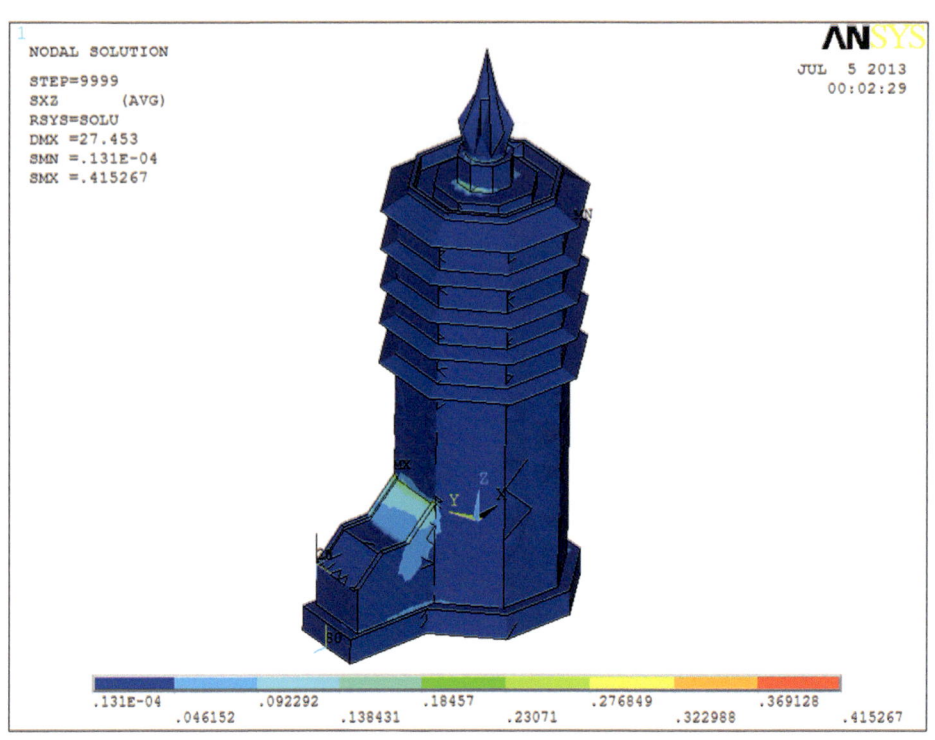

X-Z 方向剪应力云图

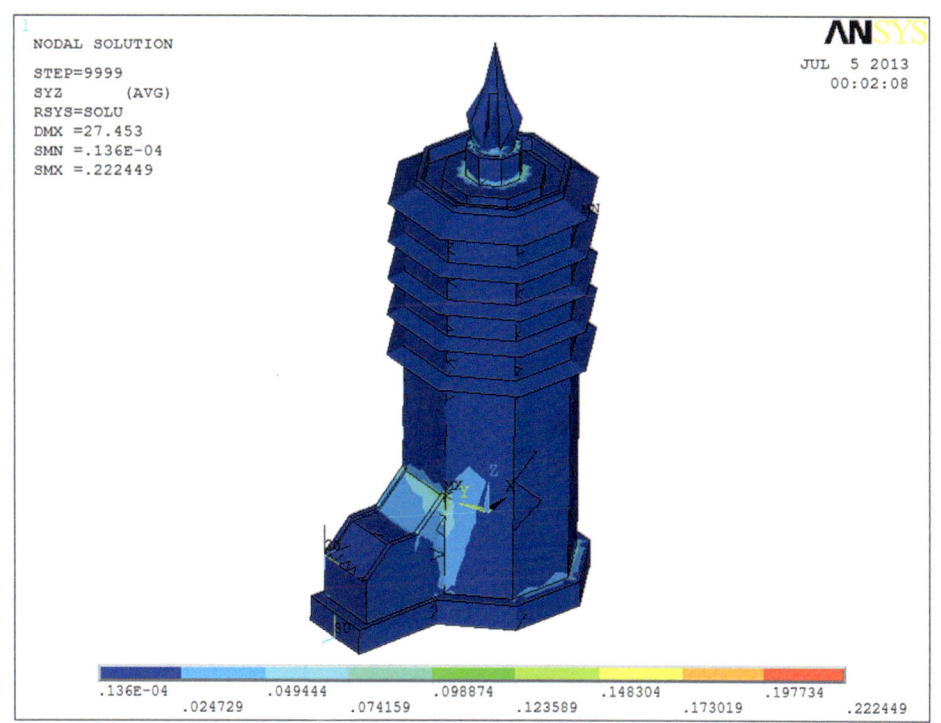

Y-Z 方向剪应力云图

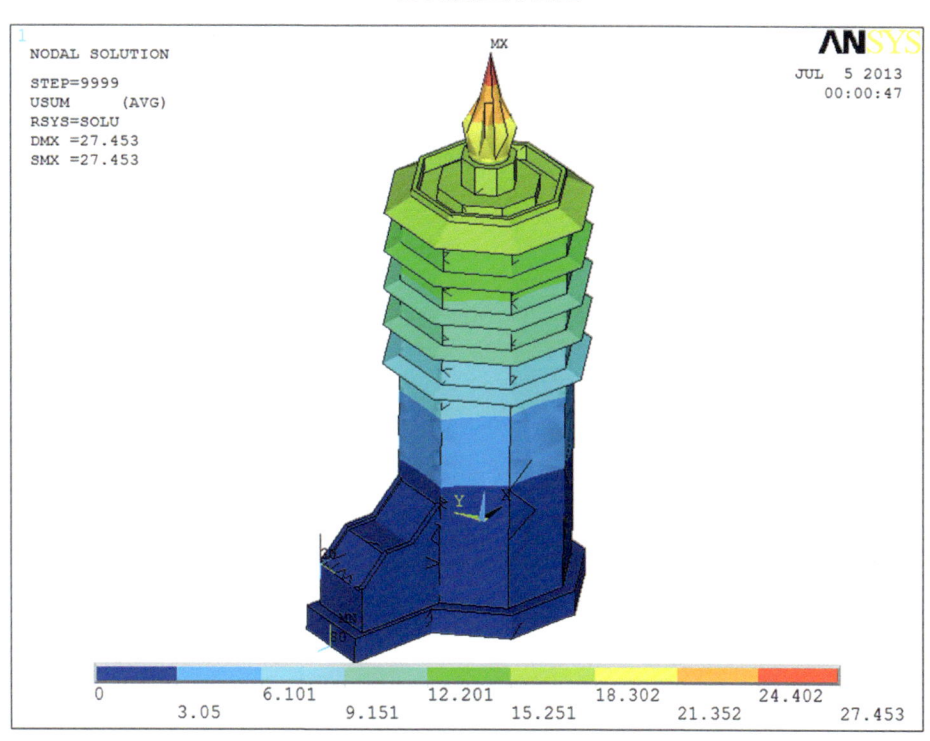

塔体位移云图

工况三下塔体剪应力和位移云图

天宁寺塔反应谱计算结果

工况	最大剪应力（MPa）			最大位移（毫米）
	X-Y	Y-Z	X-Z	
工况三（自重+地震）	0.186	0.222	0.415	27.453

根据砌体结构设计规范（GB50003-2011），当砂浆强度等级大于等于 M10 时，烧结普通砖、烧结多孔砖沿砌体灰缝截面破坏时抗剪强度设计值为 0.17MPa。根据反应谱分析结果，最大位移为 27.453 毫米，塔体 X-Y 方向最大剪应力为 0.186821MPa，X-Z 方向最大剪应力为 0.415267MPa，Y-Z 方向最大剪应力为 0.222449MPa，均超过 0.17MPa。因 X-Z，Y-Z 方向为竖直面方向，因此可能造成塔体沿中轴线劈裂，塔可能会发生剪切破坏。砖塔在地震时沿中轴线的破坏，首先是在中轴线处沿竖向发生剪切错位，形成齿缝，最终砖石古塔沿竖向中轴线发生裂缝，以致发生整体破坏。

5.4 小结

（1）根据天宁寺塔的实际情况进行有限元建模，分析塔体的自重、自重+风荷载和自重+地震三种工况，能够反映塔体的位移和应力情况。

（2）在工况一和工况二作用下，塔体的位移和应力在规范要求的范围内，不会对塔体的整体结构安全造成危害。

（3）在工况三作用下，塔体在 X-Y、X-Z、Y-Z 三个方向的最大剪应力均大于沿砌体灰缝截面发生破坏时砌体抗剪强度设计值，可能造成天宁寺塔塔体沿中轴线劈裂，发生剪切破坏。

6. 结论及建议

6.1 结论

（1）通过开挖探槽查明了古塔的基础形式和埋深，古塔的基础为一级放脚，放脚高 15 厘米，宽 4 厘米，基础埋深为 120 厘米，地基上部为杂填土，下部为三七灰土，灰土层厚 150 厘米；开挖时未见地下水。

（2）经过现场调查，采用混凝土回弹仪检测塔基、墙体的结构强度，由检测结果可知：墙体表面出现了一定程度的酥碱风化，导致墙体表面强度不高，但墙的内部保存较好，古塔塔身及塔基砖墙强度基本满足规范规定的强度要求。

（3）天宁寺塔塔门两侧边墙存在有两条竖向裂缝，裂缝宽 0.3 厘米～0.8 厘米，长 80 厘米～120 厘米；东南侧塔柱下方有竖向裂缝，裂缝宽 0.5 厘米～0.9 厘米，长 154 厘米。造成这些裂缝的原因主要为：由于古塔不均匀沉降导致倾斜，从而引起砖墙结构的局部变形。经过分析可知，上述裂缝为局部裂缝，没有形成贯通性裂缝，不影响结构的整体性安全，但是，仍应及时采用合理的修补措施，以避免裂缝进一步发展。

（4）基于 MATLAB 软件，通过自编程序和数字图像处理技术，准确获得天宁寺塔的倾斜关键参数。古塔的最大倾斜角度为 1.288 度，倾斜方向为东偏南 30 度。经验算，塔体重心仍在塔身范围内，倾斜角度在允许值内，不会影响塔体的整体稳定性。

（5）天宁寺塔的持力层地基承载力达到 140kPa，经过深度修正后，地基承载力特征值为 221.9kPa，大于基底平均压力，满足古塔的地基承载力安全要求。

（6）针对塔体的自重、自重 + 风荷载和自重 + 地震三种工况，采用 ANSYS 软件对塔体结构进行仿真分析，分析结果主要为：塔在自重工况下水平向最大位移为 12.806 毫米，最大应力为 1.451MPa，最小应力为 –0.185MPa，塔在自重 + 风荷载作用工况下水平向最大位移为 13.252 毫米，最大应力为 1.456MPa，最小应力为 –0.186MPa，均未超过砌体的抗压强度标准值与抗拉强度标准值，塔体稳定性满足要求。在自重 + 地震荷载作用下，塔体沿 X-Y、X-Z、Y-Z 三个方向的最大剪应力均大于沿砌体灰缝截面破坏时砌体抗剪强度设计值 0.17MPa，可能造成塔体沿中轴线劈裂，发生剪切破坏。

6.2 建议

（1）建议对塔身出现的裂缝进行及时修补和监测。

（2）建议对古塔整体性倾斜进行定期监测。

（3）建议对酥碱较严重砖墙进行剔补替换。

（4）天宁寺塔在地震荷载作用下的剪应力不满足现行建筑抗震规范要求，建议文物保护部门对塔体进行抗震加固设计。

勘察篇

第一章　现状描述

天宁寺塔位于古天宁寺西南隅，通高38.65米，共分五层，为砖木结构密檐式砖塔，塔身平面为八角形，拱券门，南向，塔体自下而上逐层外扩，形成上大下小呈伞状外观，该塔由塔基、塔身、塔刹三部分组成。

塔基：分为两层，下层为青砖八角须弥座，上层为七层砖雕莲瓣组成的莲花宝座。须弥座与莲花座之间有一周西番莲花带，塔基南面有18级台阶进入塔门。

塔身：第一层塔身高大，高10.5米，四正面为拱券门，南面为真门，门额上刻"文峰耸秀"四个大字，其余三面均为装饰性假门，假门为砖雕隔扇门，隔心雕有座龙、璎珞的图案。四隅面为方形直棂假窗，窗框上有砖雕缠枝花卉。八根倚柱为砖雕圆形龙柱，柱上浮雕飞龙和卷云。八面门窗上部各有一幅高浮雕图案，内容为释迦牟尼降生、修行、说法、涅槃、侍佛和南海观音等佛教故事，雕刻手法细腻，人物造型丰满，神态自然、生动，表情慈祥端庄，实为雕刻艺术之珍品。檐下有砖砌阑额，额头刻出头霸王拳，普柏枋与门额呈矩形，普柏枋上置砖斗拱，转角铺作使用附角斗，耍头做成批竹昂形式，补间铺作用45度斜拱，整层斗拱为五铺作单拱出双抄。以上四层低矮，直径逐渐增大，连同出檐形成上大下小的独特外观，每层塔身各有四个通风门洞，各层门洞交错，既保证塔内通风良好，又使塔身合理，整体性强。每层檐下只有砖砌普柏枋，上置斗拱出双抄。补间铺作一、四两层用45度斜拱，三、五两层用30度斜拱，每层檐角下均安装风铎。

塔内结构：内部结构为八角形筒状塔心室，壁内折上式，分五层与外檐相同。通过第一层阶梯通道，折转进入第二层塔心室。第二层塔心室顶部，有四铺作斗拱八朵，并全部使用鸳鸯交首拱。中部呈方形漏空塔洞，可直视塔顶十字梁及雷公柱。第三层塔心室向上叠色四层。第四层为十六朵单抄华拱造八朵。塔内铺作用材粗壮硕大，栌斗斗㪇度明显，风格古朴。每层斗拱承托向心叠涩成砖质平坐，平坐中间用"井"字梁组成上下塔心室相通的方形空洞。唯有第五层又有八根木柱，以承托塔刹。他心室内壁凿佛龛，内供佛像，各层数量不等。塔壁厚 4.8 米 ~ 3.7 米，逐层递减，以减轻塔体重量。在塔壁内券筑旋转梯级通道，每层通道在各不相同的方位。沿梯级通道穿过第五层，即为塔顶露天平台，可容纳 200 余人俯瞰全城风貌。平台周围砌筑 1.2 米高、0.37 米厚青砖女儿墙。

塔内各层门、窗洞情况，一层南面开门，其余为封闭状，折转进入二层，二层东、南、西、北面开设窗洞，东南面开设向上楼梯进入三层。三层东南、西南、东北方向开设透气窗洞，西面开设向上楼梯踏道进入四层。东、西、南、北面各开透气窗洞。东北面开设向上楼梯踏道进入五层。西面开设方形佛龛一个，东面开佛龛两个，东南、西南、西北、东北各开设透气窗洞一个，南面开设向上踏道直通塔顶平台。

塔刹：高 10.8 米。为完整的喇嘛式砖塔，刹座平面为八角形，东、西、南三面设通风门洞。刹身为覆钵形，刹顶为铜制"十三天"。刹内结构为"井"字形支架中间置十字交叉梁，交点上竖一刹柱，直撑刹顶。

1. 传统用料和工艺

1.1 施工材料

天宁寺塔始建于五代后周广顺二年（952 年），该建筑为砖木结构，塔基座砖为青条砖，砌砖规格为 350 毫米 ×160 毫米 ×80 毫米。塔身砖规格为 420 毫米 ×200 毫米 ×60 毫米，基座铺地砖规格为 420 毫米 ×200 毫米 ×60 毫米。二层铺地砖规格为 420 毫米 ×200 毫米 ×60 毫米。三、四、五层铺地砖规格为 600 毫米 ×300 毫米 ×60 毫米。顶层铺地砖规格为 300 毫米 ×140 毫米 ×60 毫米，一至五层椽子、飞子采用杉木，各层角梁采用榆木材质，五层立柱及十字梁和刹柱均采用红松材质。屋面采用绿色琉璃筒板瓦盖顶。

1.2 传统做法及工艺

塔基座采用的是一顺一丁普通淌白砌筑法，灰缝为 40 毫米 ~ 60 毫米，采用了淌白拉面砖，使用月白灰，最后耕缝。塔身采用整体卧砖丝缝砌筑法，灰缝为 20 毫米 ~ 30 毫米，砖与砖之间铺垫老浆灰，采用了"膀子面"砖，丝缝墙一般不刹趟，砖砍磨得很精确，并注重灰缝的平直、厚度一致以及砖不得"游丁走缝"。丝缝墙砌筑好了以后要进行"耕缝"。各层塔檐平出角梁及椽子、飞子，望板之上做护板灰20毫米厚（材料重量配比为白灰：青灰：麻刀=100∶8∶3）→灰泥背100毫米~150毫米厚（白灰、黄土体积比为1∶4，另100千克白灰掺麦草6千克）→青灰背10毫米厚（材料配比同护板灰）。之上砥瓦调脊安装脊饰。

2. 损伤和病害的成因分析及结论

2.1 环境、气候、基础分析

2.1.1 环境

天宁寺位于安阳市中心地带，院内分布照壁、山门、东西配房、天王殿、大雄宝殿、垂花门、办公用房等。天宁寺塔位于院内西面，距山门46.3米，距天王殿23.7米，距大雄宝殿22.3米。院内整体环境较好，排水较为流畅，管理设施齐全。

2.1.2 气候

安阳位于河南最北部，属暖温带大陆性季风气候，四季分明，日照充足，雨量集中。春季干旱多风沙，夏季炎热多雨，秋季温和晴明，冬季寒冷干燥，全年降水量为600毫米左右，多集中在6~8月。年平均气温14摄氏度，最冷月1月的多年平均气温为零下1摄氏度，最热月7月的多年平均气温为27摄氏度，年日照时间为2500小时。冬季北风偏多，而夏季则以南风为主。基本气候情况见下表。

安阳基本气候情况（据1971年—2000年资料统计）

	1月	2月	3月	4月	5月	6月	7月	8月	9月	10月	11月	12月
平均温度（摄氏度）	-0.9	2.2	8.0	15.7	21.1	25.9	26.9	25.7	21.1	15.0	7.1	1.1
平均最高温度（摄氏度）	4.4	7.9	13.7	21.6	27.1	31.8	31.7	30.3	26.8	21.2	13.0	6.5
极端最高温度（摄氏度）	20.7	27.2	28.7	37.0	39.0	41.5	41.0	39.5	39.3	34.6	27.3	26.3
平均最低温度（摄氏度）	-5.2	-2.4	2.9	10.0	15.1	20.1	22.7	21.6	16.3	9.8	2.4	-3.0
极端最低温度（摄氏度）	-15.5	-13.8	-8.1	-1.0	6.3	10.5	15.8	13.6	5.7	-1.0	-10.3	-17.3
平均降水量（毫米）	4.8	7.7	17.8	23.1	39.7	60.6	178.7	123.3	44.8	34.2	16.3	5.8
降水天数（日）	2.2	2.9	4.4	4.6	6.6	7.5	12.2	10.1	7.1	5.4	3.8	2.4
平均风速（米/秒）	1.7	2.1	2.7	3.0	2.7	2.4	1.9	1.7	1.6	1.7	1.8	1.7

气象站位置：北纬36.1度 东经114.3度 海拔76米

据以上环境、气候因素分析可知，环境对天宁寺塔的损害不是很严重，气候上来讲，雨水的冲刷以及冬季的冻融对天宁寺塔有一定侵害。

2.1.3 基础分析

根据安阳大地勘探工程有限公司提供的天宁寺地质勘查报告及郑州大学提供的《安阳天宁寺塔稳定性评估报告》，对本次勘察资料及区域地质资料进行分析，得出结论：拟建场地稳定，未发现不良地质现象，拟建场地适宜该工程的建设。天宁寺塔的持力层地基承载力达到140kPa，经过深度修正后，地基承载力特征值为221.9kPa，大于基底平均压力，满足古塔的地基承载力安全要求。故此次修缮不考虑基础加固措施。

2.2 天宁寺塔损伤和病害成因

2.2.1 塔身南立面损伤和病害成因

（1）塔基座

残损位置、性质、程度：踏步石水泥勾缝，月台砖酥碱风化约2平方米。

损坏原因：人为原因，自然损毁。

残损点评定界限：酥碱风化。

残损程度评估：构成残损。

（2）塔体

残损位置、性质、程度：塔体砖踏步风化酥碱，倚柱下部局部酥碱，雕刻保存完好，三层墙体外粉层空鼓2平方米。

残损点评定界限：酥碱风化。

残损程度评估：构成残损。

（3）斗拱

残损位置、性质、程度：四层斗拱有剥落现象，其他砖斗拱保存完好。

损坏原因：自然侵蚀。

残损程度评估：构成残损点。

（4）门洞（气窗）

残损位置、性质、程度：第二层、第四层立面开有塔洞，皆用角铁钢筋做门封护。

损坏原因：人为原因。

残损点评定界限：铁件封护。

残损程度评估：构成残损点。

（5）木角梁

残损位置、性质、程度：一层至三层基本完好，四层、五层角梁糟朽。

损坏原因：自然损毁。

残损点评定界限：糟朽。

残损程度评估：构成残损点。

（6）椽子、飞子、琉璃瓦

残损位置、性质、程度：一层木椽子、飞子糟朽29%，二层椽、飞糟朽37%，三层椽、飞糟朽39%，四层椽、飞糟朽50%，五层椽、飞糟朽58%；一层筒板瓦破损16%，二层筒板瓦破损18%，三层筒板瓦破损20%，四层筒板瓦破损22%，五层筒板瓦破损24%，一层勾头佚失19%。

损坏原因：自然损毁。

残损点评定界限：糟朽、佚失。

残损程度评估：构成残损。

2.2.2 塔身东南立面损伤和病害成因

（1）塔基座

残损位置、性质、程度：基座砖酥碱风化约5平方米，仰莲11%风化脱落。

损坏原因：人为原因，自然损毁。

残损点评定界限：酥碱风化。

残损程度评估：构成残损。

（2）塔体

残损位置、性质、程度：一层塔体上部砖风化酥碱2平方米，砖雕基本完好。二层外粉层空鼓面积达三平方米。

损坏原因：自然损毁。

残损点评定界限：酥碱风化。

残损程度评估：构成残损。

南立面

（3）斗拱

残损位置、性质、程度：四层斗拱表层脱落，五层角科斗拱构件佚失（东南角），其他基本完好。

损坏原因：自然损毁。

残损点评定界限：佚失、脱落。

残损程度评估：构成残损点。

（4）门洞（气窗）

残损位置、性质、程度：第三层、第五层立面开有塔洞，皆用角铁钢筋做门封护。

损坏原因：人为原因。

残损点评定界限：铁件封护。

残损程度评估：构成残损点。

（5）木角梁

残损位置、性质、程度：一至四层基本完好，五层角梁糟朽。

损坏原因：自然损毁。

残损点评定界限：糟朽。

残损程度评估：构成残损点。

（6）椽子、飞子、琉璃瓦

残损位置、性质、程度：一层木椽子、飞子糟朽27%，二层椽、飞糟朽36%，三层椽、飞糟朽38%，四层椽、飞糟朽55%，五层椽、飞糟朽66%。一层筒板瓦破损27%，二层筒板瓦破损29%，三层筒板瓦破损31%，四层筒板瓦破损33%，五层筒板瓦破损35%。

损坏原因：自然损毁。

残损点评定界限：糟朽、破碎。

残损程度评估：构成残损。

东南面基座酥碱

2.2.3 塔身东立面损伤和病害成因

（1）塔基座

残损位置、性质、程度：基座砖酥碱风化约 4 平方米，后人补抹外粉层，并开气洞一个，砖散水破碎 68%，砖雕花风化严重并佚失两块，仰莲风化脱落 10%。

损坏原因：人为原因，自然损毁。

残损点评定界限：酥碱风化脱落。

残损程度评估：构成残损。

（2）塔体

残损位置、性质、程度：一层塔体砖风化酥碱 3 平方米。

残损点评定界限：酥碱风化。

残损程度评估：构成残损。

（3）斗拱

残损位置、性质、程度：基本完好。

残损程度评估：未构成残损点。

（4）门洞（气窗）

残损位置、性质、程度：第二层、第四层立面开有塔洞，五层开方形洞口两个，皆用角铁钢筋做门封护。

损坏原因：人为原因。

残损点评定界限：铁件封护。

残损程度评估：构成残损点。

（5）木角梁

残损位置、性质、程度：各层角梁都有不同程度糟朽现象。

损坏原因：自然损毁。

残损点评定界限：糟朽。

残损程度评估：构成残损点。

（6）椽子、飞子、琉璃瓦

残损位置、性质、程度：一层木椽子、飞子糟朽 44%，二层椽、飞糟朽 56%，三层椽、飞糟朽 75%，四层椽、飞糟朽 65%，五层椽、飞糟朽 57%。一层筒板瓦破损 22%，二层筒板瓦破损 24%，三层筒板瓦破损 26%，四层筒板瓦破损 28%，五层筒板瓦破损 30%。

东面基座酥碱

损坏原因：自然损毁。

残损点评定界限：糟朽、破碎。

残损程度评估：构成残损。

2.2.4 塔身东北立面损伤和病害成因

（1）塔基座

残损位置、性质、程度：基座砖酥碱风化约1平方米，后人补抹外粉层，并开气洞一个，砖散水破碎68%，砖雕花风化严重，仰莲风化脱落15%。

损坏原因：人为原因，自然损毁。

残损点评定界限：酥碱风化脱落。

残损程度评估：构成残损。

（2）塔体

残损位置、性质、程度：一层塔体砖风化酥碱2平方米，东北角倚柱后人用水泥补砌。

残损点评定界限：酥碱风化。

残损程度评估：构成残损。

（3）斗拱

残损位置、性质、程度：五层斗拱东南角构件破损。

损坏原因：自然损毁。

残损点评定界限：佚失、脱落。

残损程度评估：构成残损点。

（4）门洞（气窗）

残损位置、性质、程度：第三层、第五层立面开有塔洞，皆用角铁钢筋做门封护。

损坏原因：人为原因。

残损点评定界限：铁件封护。

残损程度评估：构成残损点。

东北面基座酥碱

（5）木角梁

残损位置、性质、程度：各层角梁都有表皮糟朽现象。

损坏原因：自然损毁。

残损点评定界限：糟朽。

残损程度评估：构成残损点。

（6）椽子、飞子、琉璃瓦

残损位置、性质、程度：一层木椽子、飞子糟朽36%，二层椽、飞糟朽48%，三层椽、飞糟朽55%、四层椽、飞糟朽65%，五层椽、飞糟朽69%。一层筒板瓦破损19%，二层筒板瓦破损21%，三层筒板瓦破损23%，四层筒板瓦破损25%，五层筒板瓦破损27%。

损坏原因：自然损毁。

残损点评定界限：糟朽、破碎。

残损程度评估：构成残损。

2.2.5 塔身北立面损伤和病害成因

（1）塔基座

残损位置、性质、程度：基座砖酥碱风化约4平方米，后人补抹外粉层，并开气洞三个，砖散水破碎59%，砖雕花风化严重，仰莲表皮风化脱落10%。

损坏原因：人为原因，自然损毁。

残损点评定界限：酥碱风化脱落。

残损程度评估：构成残损。

（2）塔体

残损位置、性质、程度：一层塔体砖风化酥碱3平方米，倚柱下部有裂缝一道，砖雕门有歪闪现象。

残损点评定界限：酥碱风化。

残损程度评估：构成残损。

（3）斗拱

残损位置、性质、程度：三层斗拱上有裂缝，五层斗拱有剥落现象，其他完好。

损坏原因：自然损毁。

残损点评定界限：佚失、脱落。

残损程度评估：构成残损点。

（4）门洞（气窗）

残损位置、性质、程度：第二层、第四层立面开有塔洞，皆用角铁钢筋做门封护。

损坏原因：人为原因。

残损点评定界限：铁件封护。

残损程度评估：构成残损点。

（5）木角梁

残损位置、性质、程度：四层角梁有糟朽现象。

损坏原因：自然损毁。

残损点评定界限：糟朽。

残损程度评估：构成残损点。

（6）椽子、飞子、琉璃瓦

残损位置、性质、程度：一层木椽子、飞子糟朽33%，二层椽、飞糟朽45%，三层椽、飞糟朽49%，四层椽、飞糟朽58%，五层椽、飞糟朽66%。一层筒板瓦破损18%，二层筒板瓦破损20%，三层筒板瓦破损22%，四层筒板瓦破损24%，五层筒板瓦破损26%。

损坏原因：自然损毁。

残损点评定界限：糟朽、破碎。

残损程度评估：构成残损。

2.2.6 塔身西北立面损伤和病害成因

（1）塔基座

残损位置、性质、程度：基座砖酥碱风化约4.5平方米，后人补抹外粉层，并开气洞二个，砖散水破碎40%，砖雕花风化严重，仰莲表皮风化脱落20%。

损坏原因：人为原因，自然损毁。

残损点评定界限：酥碱风化脱落。

残损程度评估：构成残损。

（2）塔体

残损位置、性质、程度：一层塔体砖风化酥碱3.5平方米，倚柱下部风化，砖雕门有歪闪现象，四层外粉层空鼓1.5平方米。

残损点评定界限：酥碱风化。

残损程度评估：构成残损。

（3）斗拱

残损位置、性质、程度：五层斗拱有剥落现象，其他完好。

损坏原因：自然损毁。

残损点评定界限：佚失、脱落。

残损程度评估：构成残损点。

（4）门洞（气窗）

残损位置、性质、程度：第三层、第五层立面开有塔洞，皆用角铁钢筋做门封护。

损坏原因：人为原因。

残损点评定界限：铁件封护。

残损程度评估：构成残损点。

（5）木角梁

残损位置、性质、程度：三层角梁有糟朽现象。

损坏原因：自然损毁。

残损点评定界限：糟朽。

残损程度评估：构成残损点。

（6）椽子、飞子、琉璃瓦

残损位置、性质、程度：一层木椽子、飞子糟朽17%，二层椽、飞糟朽28%，三层椽、飞糟朽26%，四层椽、飞糟朽37%，五层椽、飞糟朽46%。一层筒板瓦破损25%，二层筒板瓦破损27%，三层筒板瓦破损29%，四层筒板瓦破损31%，五层筒板瓦破损33%。

损坏原因：自然损毁。

残损点评定界限：糟朽、破碎。

残损程度评估：构成残损。

2.2.7 塔身西立面损伤和病害成因

（1）塔基座

残损位置、性质、程度：基座砖酥碱风化约4平方米，并开气洞三个，砖散水破碎40%，砖雕花风化严重，仰莲表皮风化脱落12%。

散水砖破碎

损坏原因：人为原因，自然损毁。

残损点评定界限：酥碱风化脱落。

残损程度评估：构成残损。

（2）塔体

残损位置、性质、程度：一层塔体砖风化酥碱 2 平方米，五层外粉层空鼓 1 平方米。

残损点评定界限：酥碱风化。

残损程度评估：构成残损。

（3）斗拱

残损位置、性质、程度：斗拱基本完好。

残损程度评估：未构成残损点。

（4）门洞（气窗）

残损位置、性质、程度：第二层、第四层立面开有塔洞，皆用角铁钢筋做门封护。

损坏原因：人为原因。

残损点评定界限：铁件封护。

残损程度评估：构成残损点。

（5）木角梁

残损位置、性质、程度：五层角梁有糟朽现象。

损坏原因：自然损毁。

残损点评定界限：糟朽。

残损程度评估：构成残损点。

（6）椽子、飞子、琉璃瓦

残损位置、性质、程度：一层木椽子、飞子糟朽 28%，二层椽、飞糟朽 28%，三层椽、飞糟朽 35%，四层椽、飞糟朽 41%，五层椽、飞糟朽 52%。一层筒板瓦破损 29%，二层筒板瓦破损 31%，三层筒板瓦破损 33%，四层筒板瓦破损 35%，五层筒板瓦破损 37%。

损坏原因：自然损毁。

残损点评定界限：糟朽、破碎。

残损程度评估：构成残损。

西面基座酥碱

2.2.8 塔身西南立面损伤和病害成因

（1）塔基座

残损位置、性质、程度：基座砖酥碱风化约5平方米，并开气洞一个，砖散水破碎40%，砖雕花风化严重，仰莲表皮风化脱落20%。

损坏原因：人为原因，自然损毁。

残损点评定界限：酥碱风化脱落。

残损程度评估：构成残损。

（2）塔体

残损位置、性质、程度：一层塔体砖风化酥碱2平方米，四层外粉层空鼓1平方米。

残损点评定界限：酥碱风化。

残损程度评估：构成残损。

西南面基座酥碱严重

（3）斗拱

残损位置、性质、程度：斗拱基本完好。

残损程度评估：未构成残损点。

（4）门洞（气窗）

残损位置、性质、程度：第三层、第五层立面开有塔洞，皆用角铁钢筋做门封护。

损坏原因：人为原因。

残损点评定界限：铁件封护。

残损程度评估：构成残损点。

（5）木角梁

残损位置、性质、程度：四层角梁有糟朽现象。

损坏原因：自然损毁。

残损点评定界限：糟朽。

残损程度评估：构成残损点。

（6）椽子、飞子、琉璃瓦

残损位置、性质、程度：一层木椽子、飞子糟朽29%，二层椽、飞糟朽28%，三层椽、飞糟朽35%，四层椽、飞糟朽36%，五层椽、飞糟朽55%。一层筒板瓦破损18%，二层筒板瓦破损20%，三层筒板瓦破损22%，四层筒板瓦破损24%，五层筒板瓦破损26%，并出现下滑现象。

损坏原因：自然损毁。

残损点评定界限：糟朽、破碎。

残损程度评估：构成残损。

2.2.9 塔刹损伤和病害成因

塔刹现状

塔刹基座现状

塔刹内部叠涩及刹柱现状

塔内斗拱现状

（1）塔刹基座

残损位置、性质、程度：塔刹基座砖酥碱风化严重，并有砖佚失现象。

损坏原因：自然损毁。

残损点评定界限：风化、酥碱、佚失。

残损程度评估：构成残损。

（2）刹身

残损位置、性质、程度：刹身有裂缝，外粉层有脱落现象约30%。

损坏原因：人为原因，自然损毁。

残损点评定界限：酥碱风化脱落。

残损程度评估：构成残损。

刹基座酥碱

塔体砖松动

刹体外粉层空鼓

（3）刹顶

残损位置、性质、程度：基本完好。

残损程度评估：已构成残损。

（4）女儿墙

残损位置、性质、程度：女儿墙自中部横向开裂通缝，最宽达 30 毫米。

残损程度评估：已构成残损点。

塔体裂缝

女儿墙横向通裂缝

砖雕裂缝

2.2.10 塔内损伤和病害成因

（1）一层

残损位置、性质、程度：踏步磨损深度达 50 毫米，墙体内粉层空鼓脱落。

损坏原因：自然损毁。

残损点评定界限：风化、酥碱、佚失。

残损程度评估：构成残损。

（2）二层

残损位置、性质、程度：东南边设上道口，顶置斗拱，内粉层空鼓严重，踏步磨损深达 120 毫米。

损坏原因：人为原因，自然损毁。

残损点评定界限：酥碱风化脱落。

残损程度评估：构成残损。

一层塔身下部酥碱

一层角梁糟朽

一层塔檐琉璃瓦破损

一层橼飞糟朽

三层踏步现状

二层椽飞糟朽

二层瓦件破损

（3）三层

残损位置、性质、程度：踏步磨损深度达 50 毫米，内粉层空鼓。

残损程度评估：未构成残损。

三层踏步现状

三层围脊佚失一块

三层角梁糟朽

（4）四层

残损位置、性质、程度：踏步磨损深度达50毫米，内粉层空鼓脱落。

残损程度评估：未构成残损点。

四层踏步现状

四层斗拱外粉脱落

四层角梁糟朽

四层角梁及椽、飞糟朽

（5）五层

残损位置、性质、程度：踏步磨损严重深度达100毫米，内粉层脱落严重，刹柱有糟朽现象，十字梁糟朽。电路随意搭设不规范。

损坏原因：人为原因、自然损毁。

残损点评定界限：糟朽。

残损程度评估：构成残损点。

五层橡子糟朽

五层角梁糟朽

五层琉璃构件破损

十字梁现状

随意搭设的电线

2.3 天宁寺塔结构病害

塔址选择良好，地基处理坚固。砖石塔是古代的高层建筑，由于砖石的容重比较大，所以一座高大砖石塔对地基的作用力是很大的。查阅大量有关古塔抗震方面的资料发现，我国现有砖石古塔凡是未有倒塌历史的，考察其场地条件或地基处理都是良好的。天宁寺塔自修建以来已有数百年的历史，经历地震、洪水等侵袭，但仍屹立而不倒，这说明了在当时的技术水平下，天宁寺塔塔址选择和地基处理的良好性。

形体规则有律，平面对称。整个塔身部分由下至上自然放开，整体轮廓曲线自然缓和。不仅从建筑艺术上给人以良好的视觉效果，而且从结构性能上更是增强了整体的稳定性。这些特点是抗震的成功经验，可以减少扭转效应，而且层间抗力与地震力相协调，避免了中下部出现薄弱层的不利情况。

砌体抗剪强度低。天宁寺塔各层用青砖砌筑，各层均用灰浆作为砌筑黏结材料。

青砖具有抗压强度高、抗剪强度低的特点，并且塔体所用的黏结材料抵抗剪力的性能较差，导致砌体抗剪强度低。此外由于年代久远，加之长期受到风雨侵蚀，大气熏蚀，塔檐、塔角及墙面部分砖已经酥碱，个别地方有松动现象，进一步降低了塔体强度。

天宁寺塔各层塔檐之间的塔身上开有塔门，孔洞的存在稍微削弱了塔身截面，造成孔洞位置成为结构薄弱环节，削弱了塔体结构的整体性。

2.4 天宁寺塔结构病害成因及保护建议

2.4.1 塔体裂缝

天宁寺塔塔体存在部分影响塔体结构安全的裂缝，造成这些裂缝的原因主要是天宁寺塔属砖木砌体结构，用灰浆作为砌体黏结材料，该结构形式抗剪能力较差，在水平或震动荷载作用下塔体容易产生裂缝。另外，塔体门窗洞口的存在削弱了墙体截面，也在一定程度上影响了塔体结构抗剪能力。结构自身的形式和构造特点是造成塔体裂缝的内在原因。

2.4.2 塔体基础

根据中华人民共和国国家标准《建筑结构荷载规范》（GB50009-2001）以及安阳大地勘探工程有限公司提供的天宁寺地质勘查报告的结论，分析如下：

①建议对天宁寺塔的垂直度进行检测，以查明天宁寺塔的倾斜程度。设置沉降观测点，以观测在维修过程中天宁寺塔的沉降情况。

②依据本次勘察资料及区域地质资料分析，拟建场地稳定，未发现不良地质现象，拟建场地适宜该工程的建设。

③根据《建筑抗震设计规范》（GB50011-2010），该区的抗震设防烈度为8度，设计基本地震加速度值为0.20g，设计地震分组第一组。该场地土质类型为中软场土地，建筑场地类别为II类，特征周期Tg=0.35s，该场地可划分为建筑抗震一般地段。该场地可不考虑液化影响。

④场地各土层承载力可采用地勘报告表2中提供的承载力特征值。

⑤在本次勘察深度内未见地下水，可不考虑地下水对建筑物的影响。根据土质分析结果，该场地地基土对混凝土和钢筋混凝土中的钢筋具微腐蚀性。

据分析塔基承载力能满足相关要求。在此次的塔体勘察中，并未发现较明显的裂缝进一步发展的迹象。这进一步说明了现有塔基的承载力能满足要求。

2.4.3 塔体稳定性

根据郑州大学提供的《安阳天宁寺塔稳定性评估报告》的结论，分析如下：

（1）通过开挖探槽查明了古塔的基础形式和埋深，古塔的基础为一级放脚，放脚高 15 厘米，宽 4 厘米，基础埋深为 120 厘米，地基上部为杂填土，下部为三七灰土，灰土层厚 150 厘米；开挖时未见地下水。

（2）经过现场调查，采用混凝土回弹仪检测塔基、墙体的结构强度，由检测结果可知：墙体表面出现了一定程度的酥碱风化，导致墙体表面强度不高，但墙的内部保存较好，古塔塔身及塔基砖墙强度基本满足规范规定的强度要求。

（3）天宁寺塔塔门两侧边墙存在有两条竖向裂缝，裂缝宽 0.3 厘米～0.8 厘米，长 80 厘米～120 厘米，东南侧塔柱下方有竖向裂缝，裂缝宽 0.5 厘米～0.9 厘米，长 154 厘米，造成这些裂缝的原因主要为：由于古塔不均匀沉降导致倾斜，从而引起的砖墙结构的局部变形。经过分析可知，上述裂缝为局部裂缝，没有形成贯通性裂缝，不影响结构的整体性安全，但是，仍应及时采用合理的修补措施，避免裂缝的进一步发展。

（4）基于 MATLAB 软件，通过自编程序和数字图像处理技术，准确获得天宁寺塔的倾斜关键参数。古塔的最大倾斜角度为 1.288 度，倾斜方向为东偏南 30 度。经验算，塔体重心仍在塔身范围内，倾斜角度在允许值内，不会影响塔体的整体稳定性。

（5）天宁寺塔的持力层地基承载力达到 140kPa，经过深度修正后，地基承载力特征值为 221.9kPa，大于基底平均压力，满足古塔的地基承载力安全要求。

（6）针对塔体的自重、自重＋风荷载和自重＋地震三种工况，采用 ANSYS 软件对塔体结构进行仿真分析，分析结果主要为：塔在自重工况下水平向最大位移为 12.806 毫米，最大应力为 1.451MPa，最小应力为 –0.185MPa，塔在自重＋风荷载作用工况下水平向最大位移为 13.252 毫米，最大应力为 1.456MPa，最小应力为 –0.186MPa，均未超过砌体的抗压强度标准值与抗拉强度标准值，塔体稳定性满足要求。在自重＋地震荷载作用下，塔体沿 X–Y、X–Z、Y–Z 三个方向的最大剪应力均大于沿砌体灰缝截面破坏时砌体抗剪强度设计值 0.17MPa，可能造成塔体沿中轴线劈裂，发生剪切破坏。

建议：

（1）建议对塔身出现的裂缝进行及时修补和监测。

（2）建议对古塔整体性倾斜进行定期监测。

（3）建议对酥碱较严重砖墙进行剔补替换。

（4）天宁寺塔在地震荷载作用下的剪应力不满足现行建筑抗震规范要求，建议文物保护部门对塔体进行抗震加固设计。

（注：鉴于古塔建造年代的特殊性以及古塔的历史价值，考虑到该塔的重要性，天宁寺塔虽然不满足现行建筑抗震规范要求，但是又不能将该塔拆除重新打造地基基础，本次修缮方案暂时不考虑抗震方面的工作。）

2.5 勘察结论

综上所述，根据中华人民共和国国家标准《建筑结构荷载规范》（GB50009-2001）和《建筑地基基础设计规范》（GB50007-2002），并参照《中华人民共和国文物保护法实施细则》《中国文物古迹保护准则》《古建筑木结构维护与加固技术规范》GB50165—92中的古建筑可靠性鉴定分类标准的相关要求，认为天宁寺塔承重结构中关键部位的残损点或其组合未影响结构安全和正常使用，尚不至于发生危险。对天宁寺塔单体建筑此次维修工程列为修缮工程。拟采用将各层檐部局部挑顶的修缮方法进行维修。

第二章　现状实测图

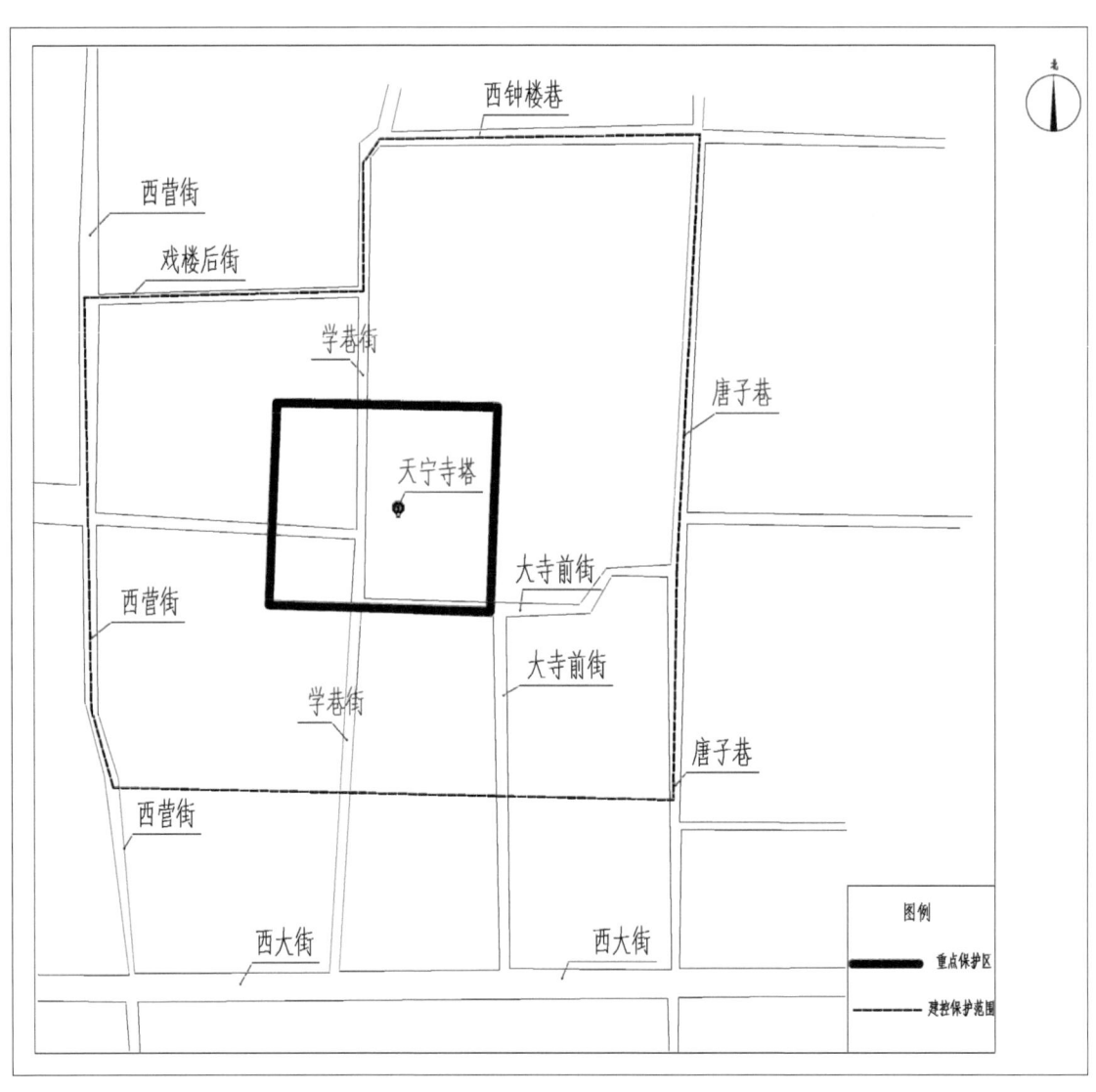

重点保护范围图

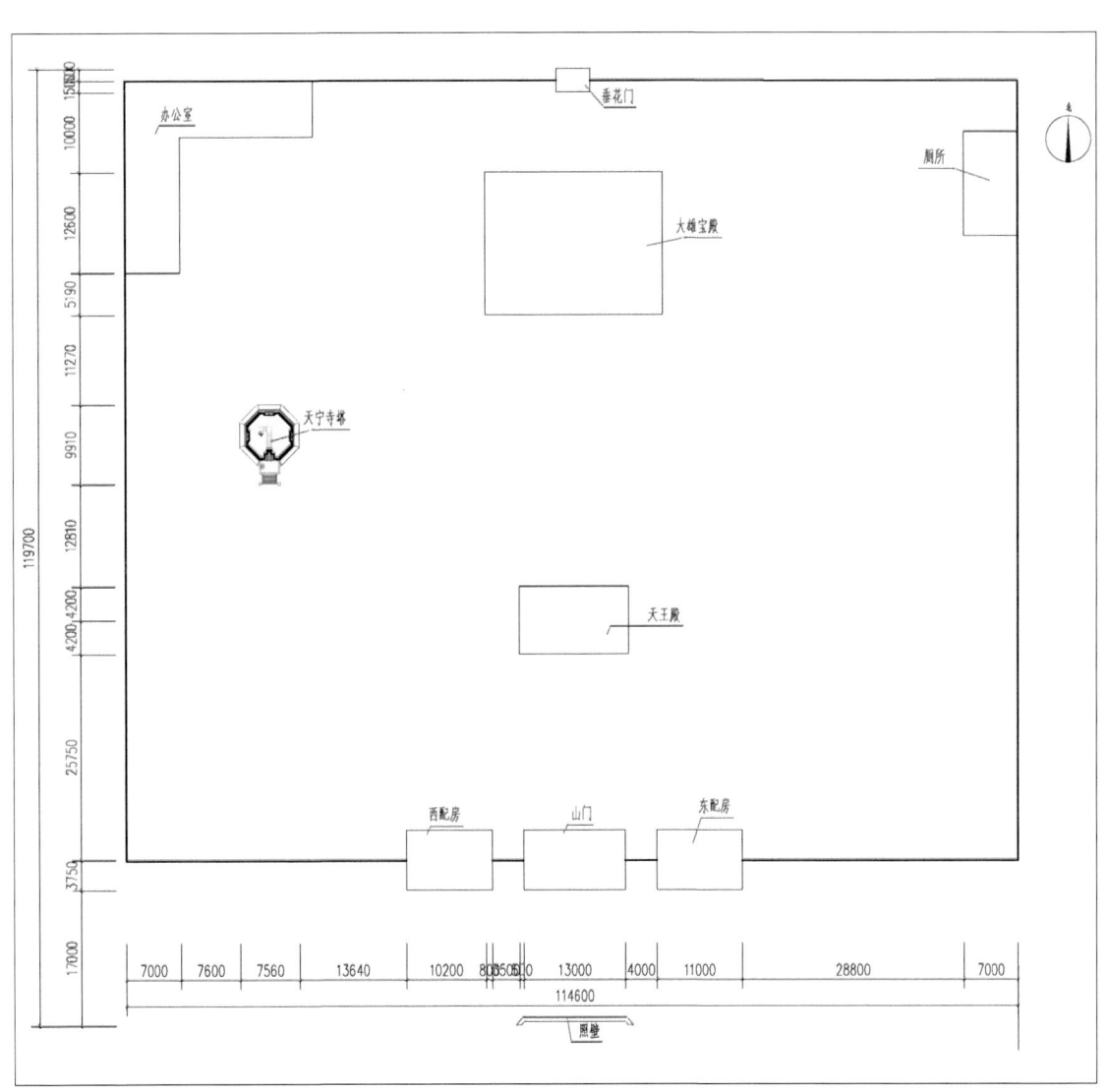

总平面示意图

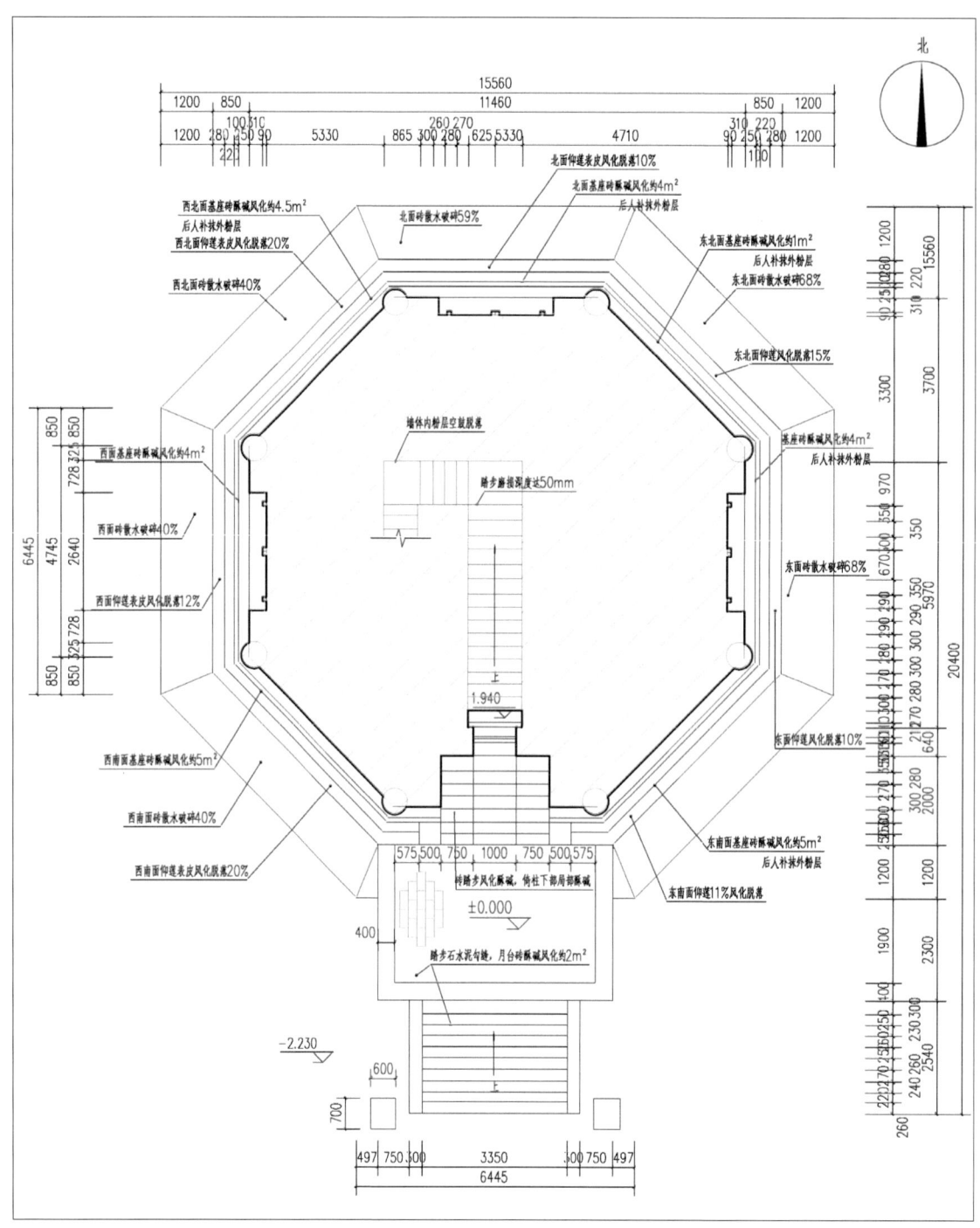

一层平面图

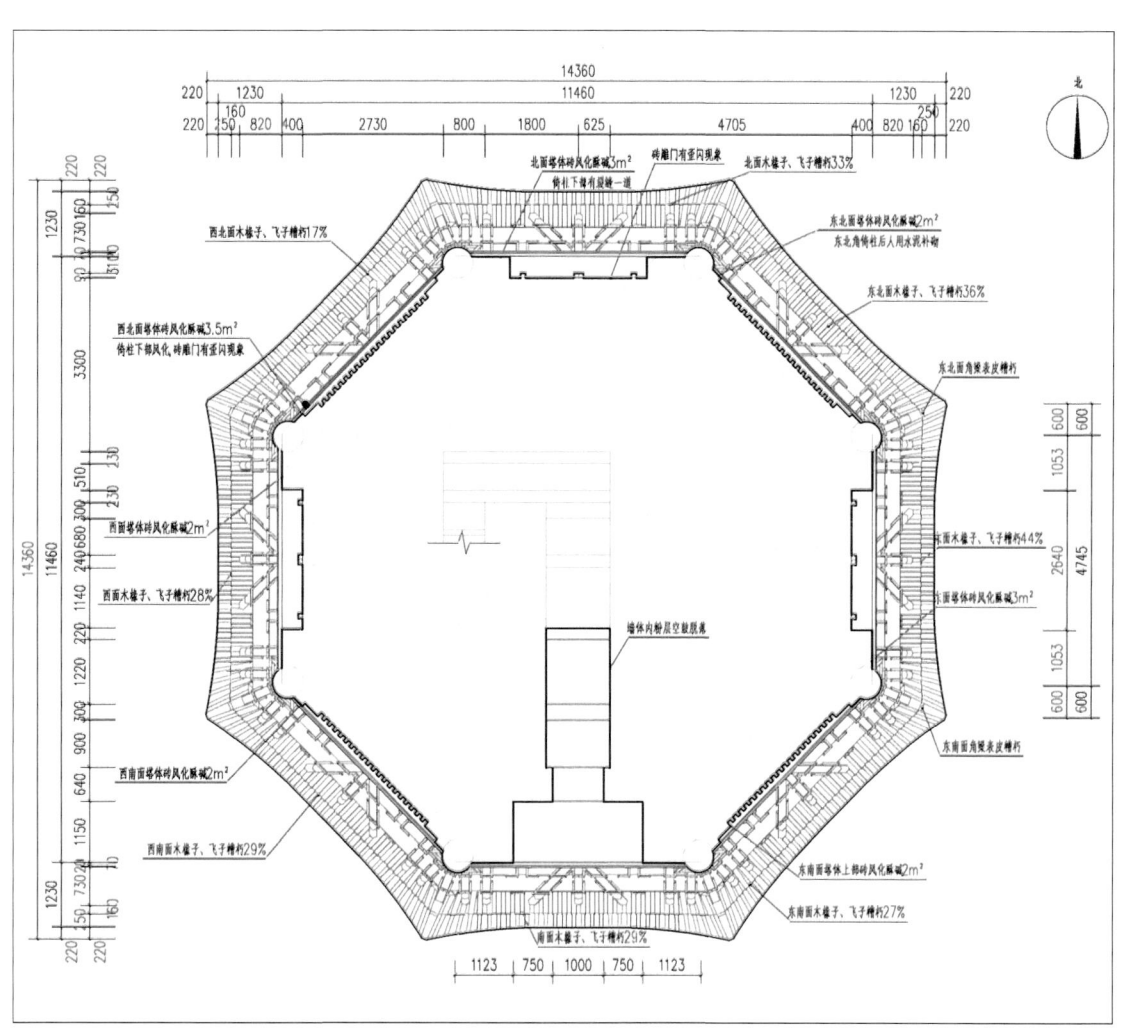

一层仰视图

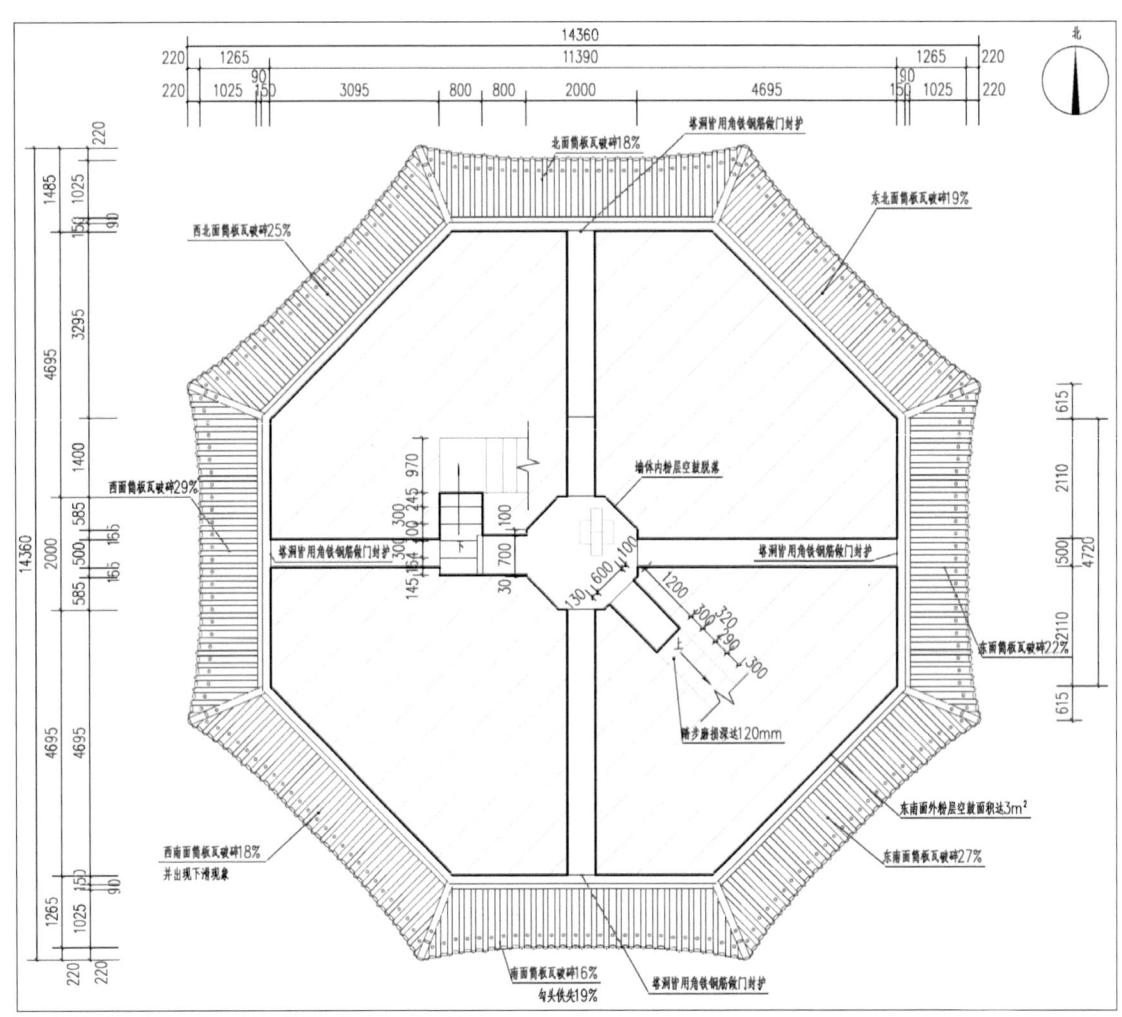

二层平面图

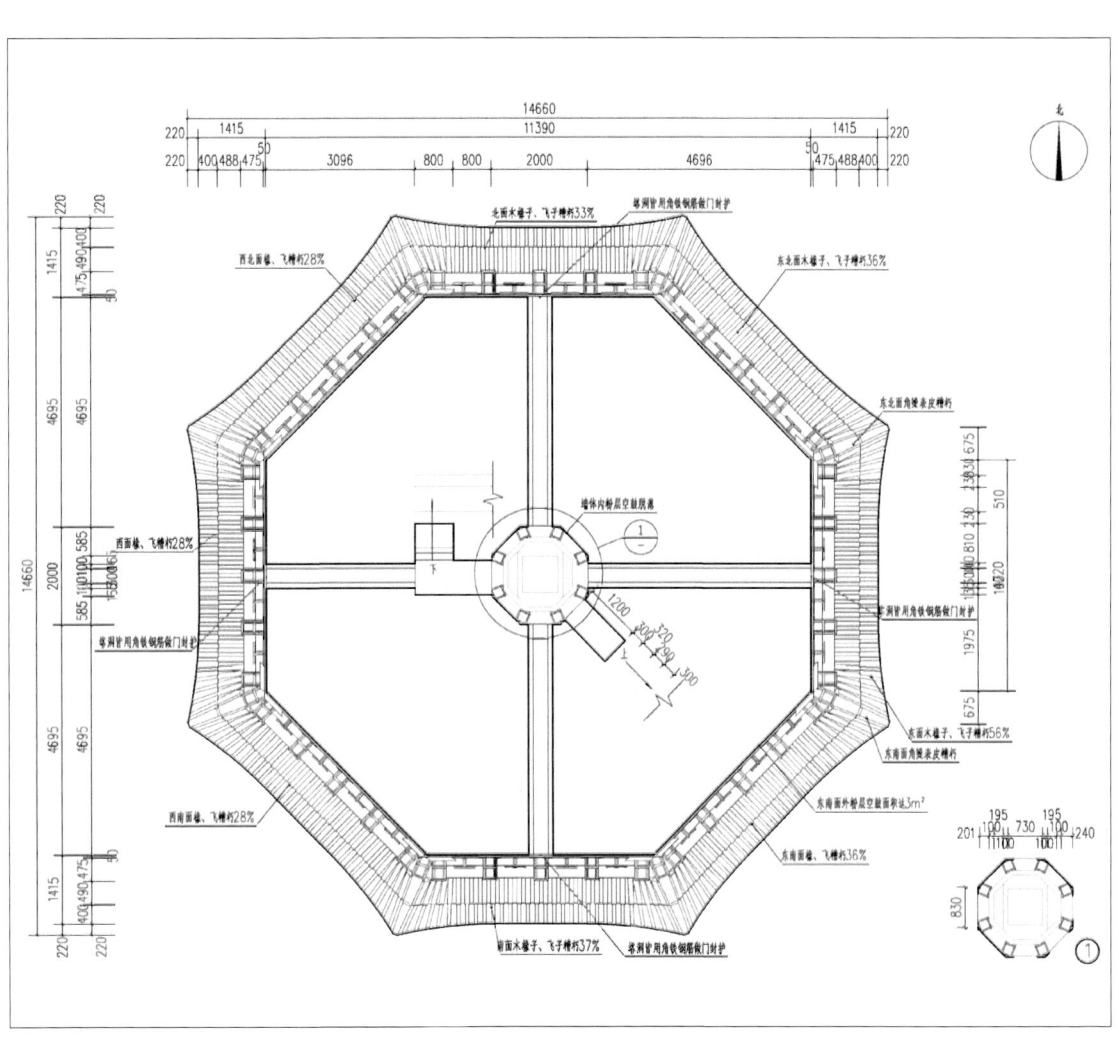

二层仰视图

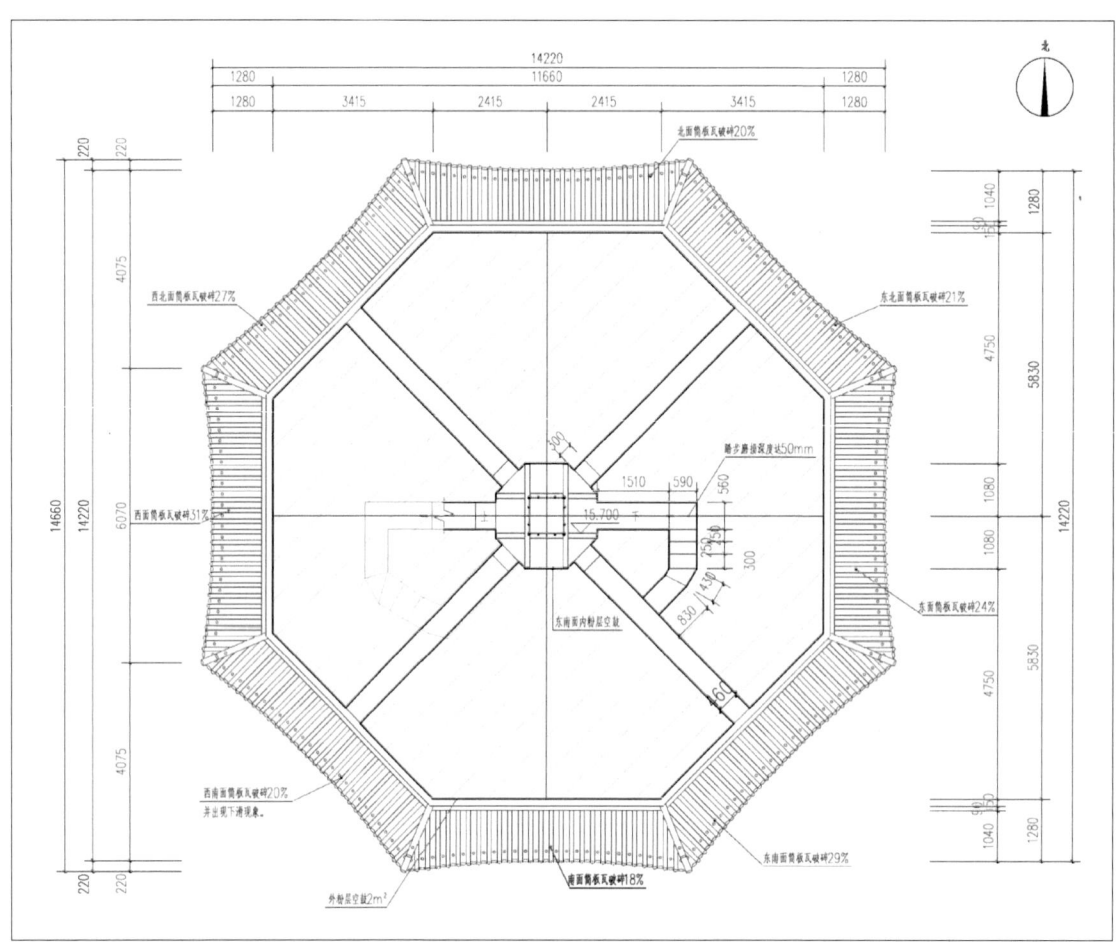

三层平面图

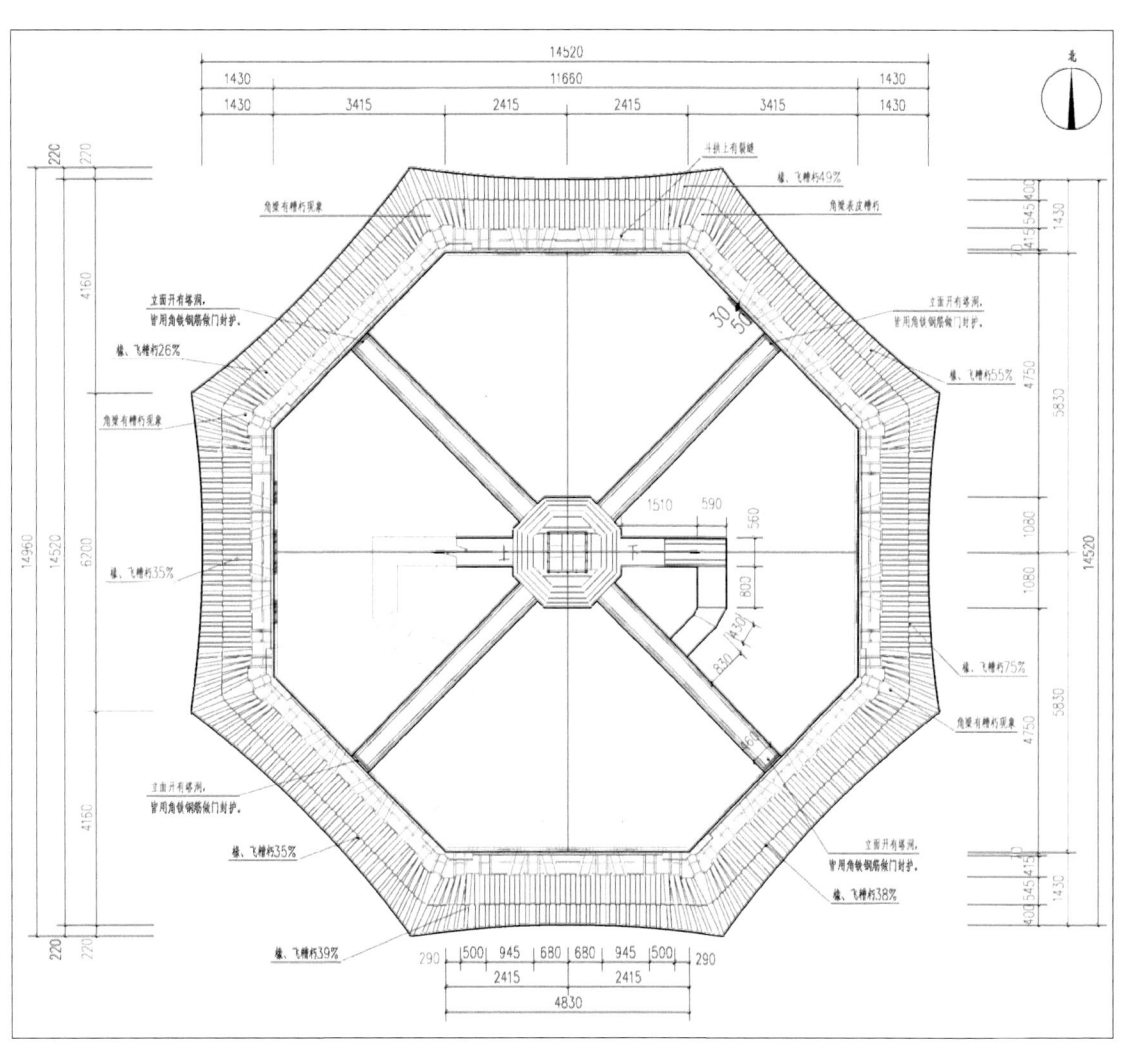

三层仰视图

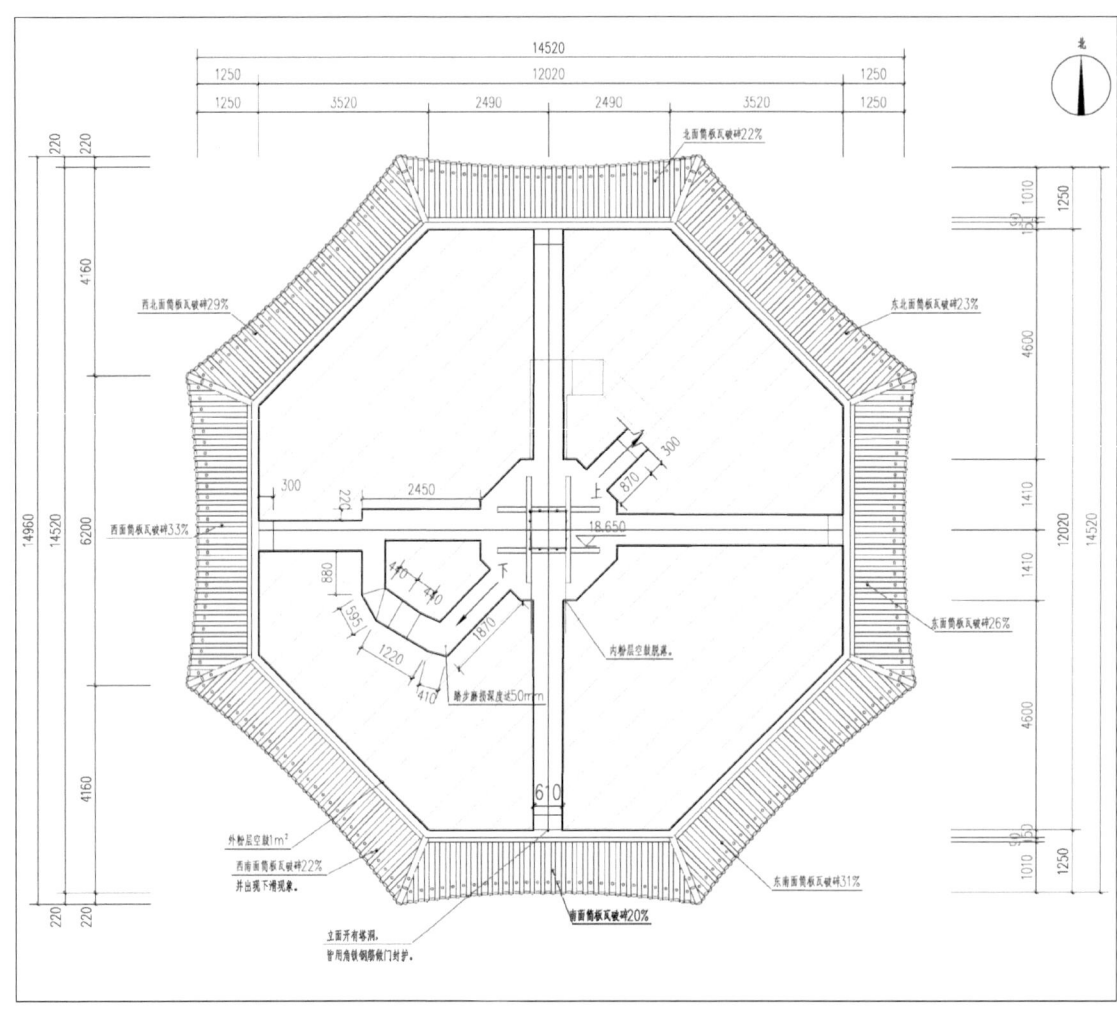

四层平面图

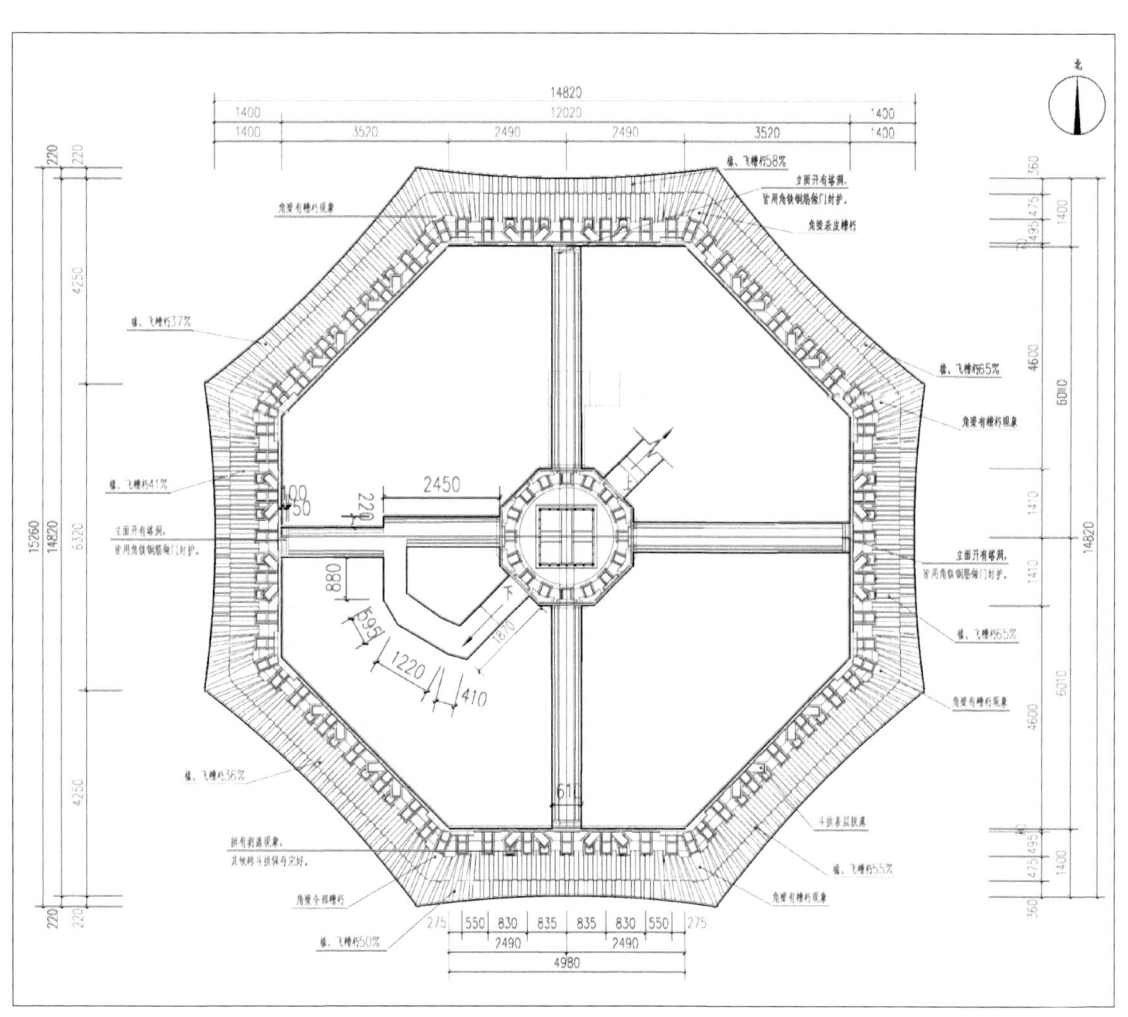

四层仰视图

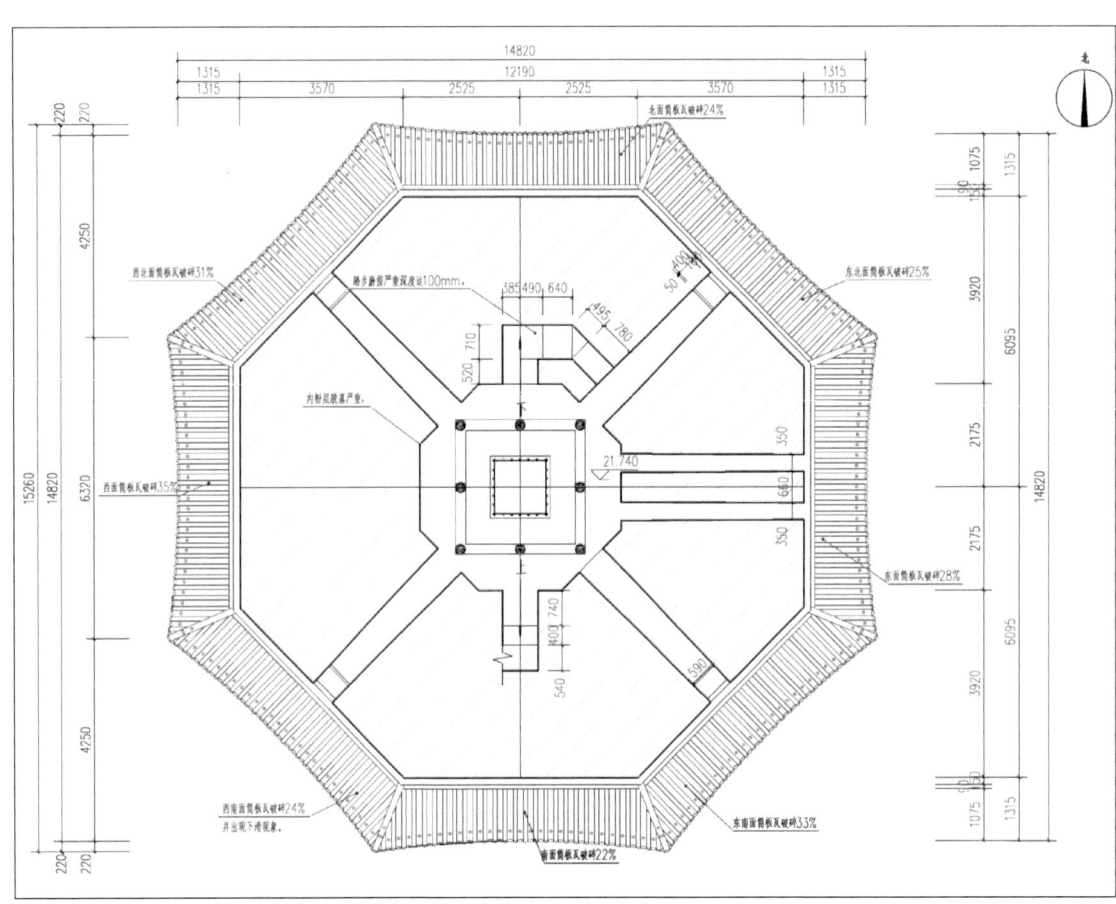

五层平面图

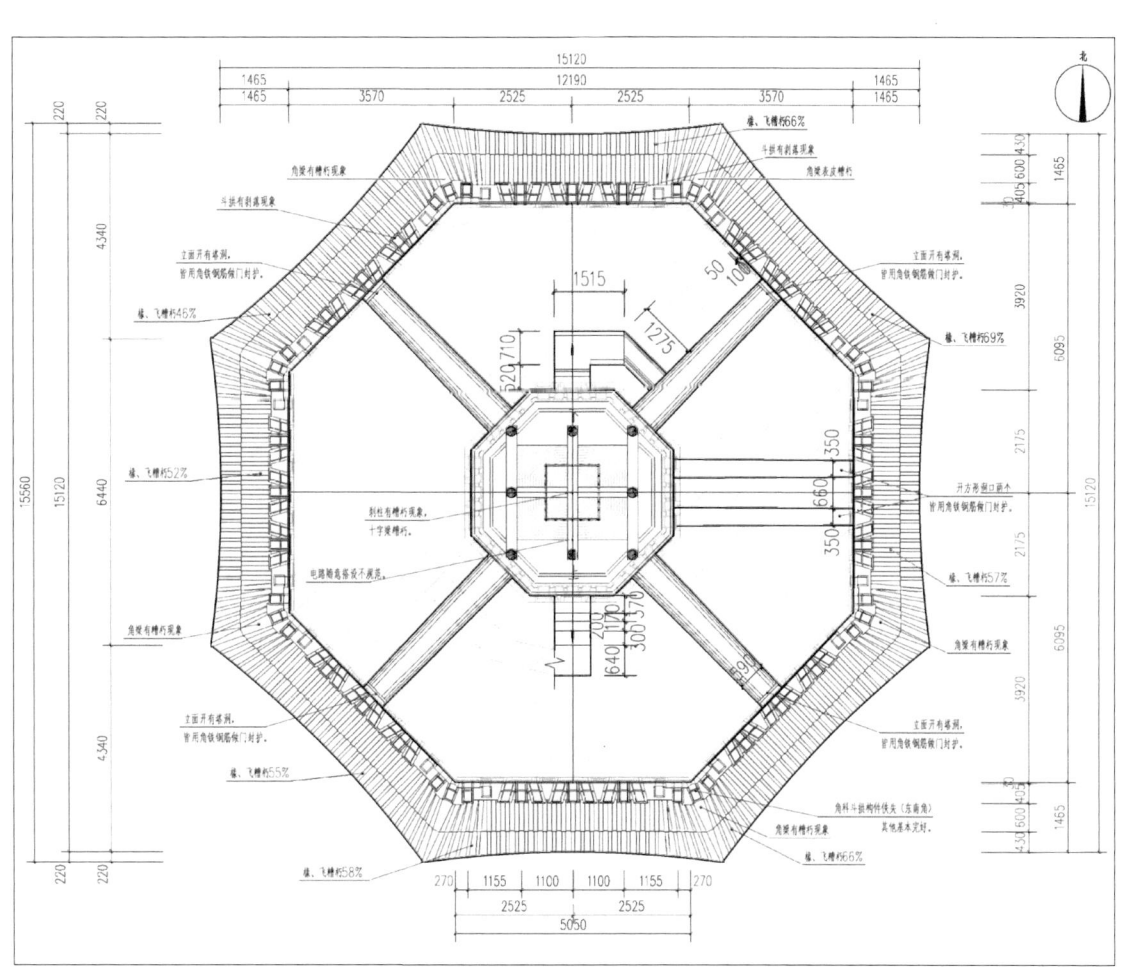

五层仰视图

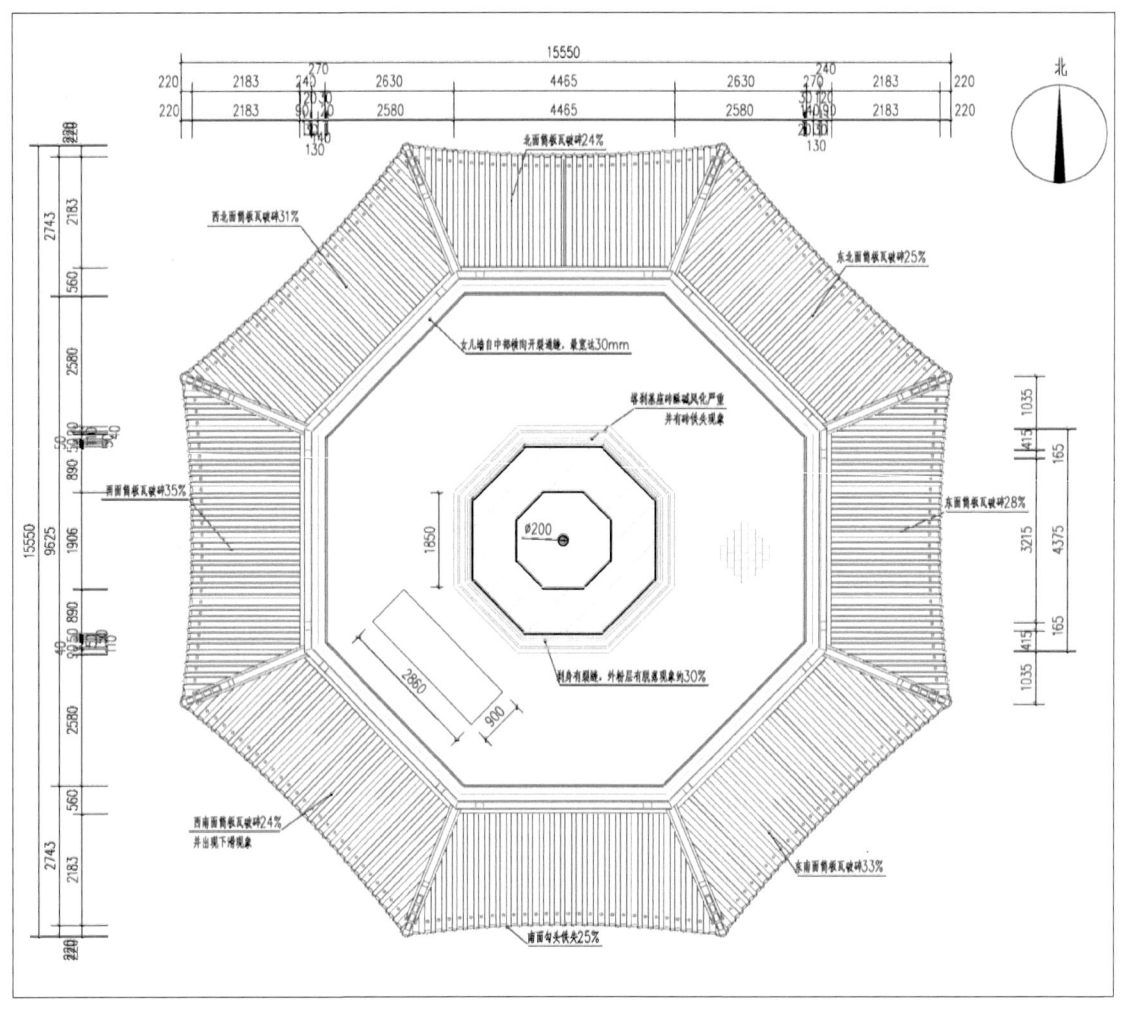

屋顶平面图

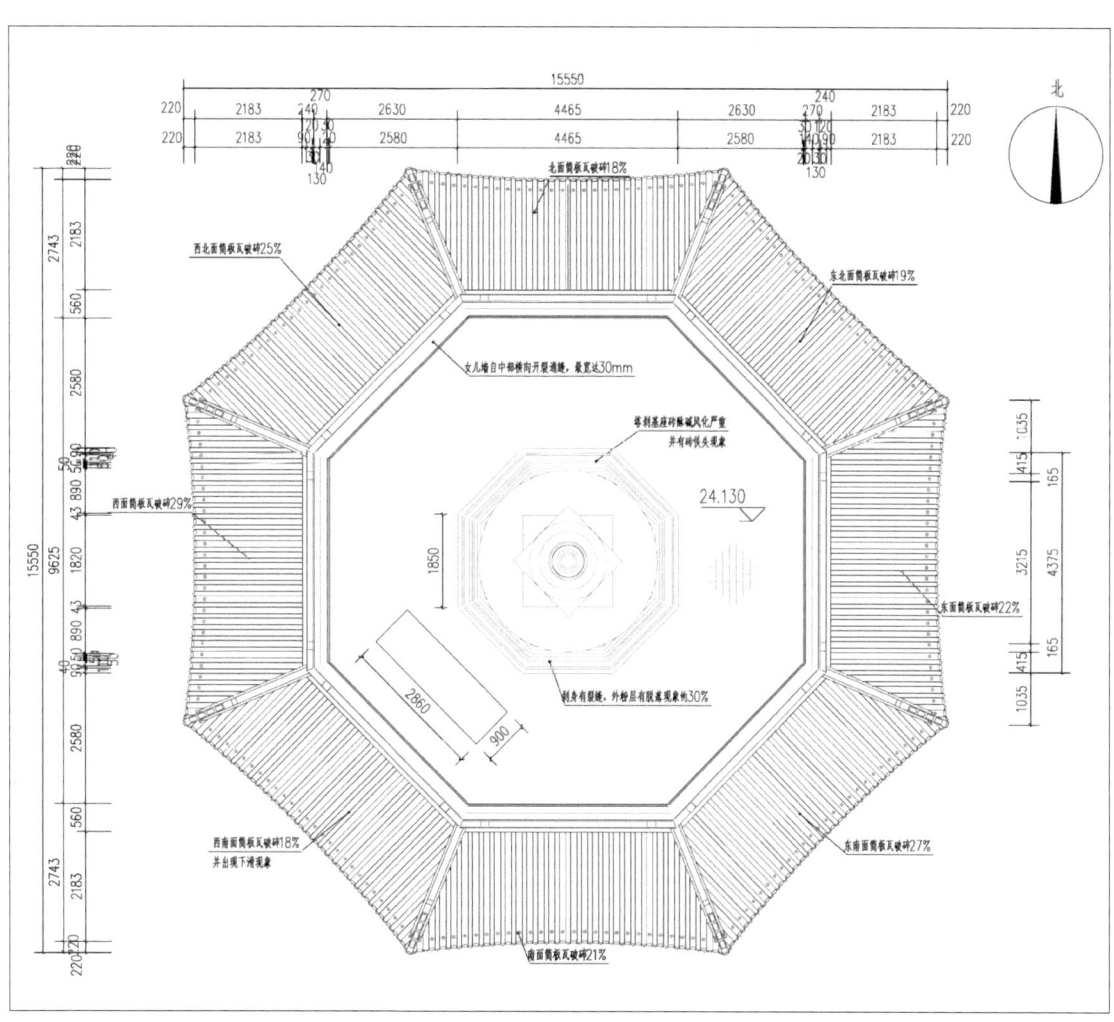

屋顶仰视图

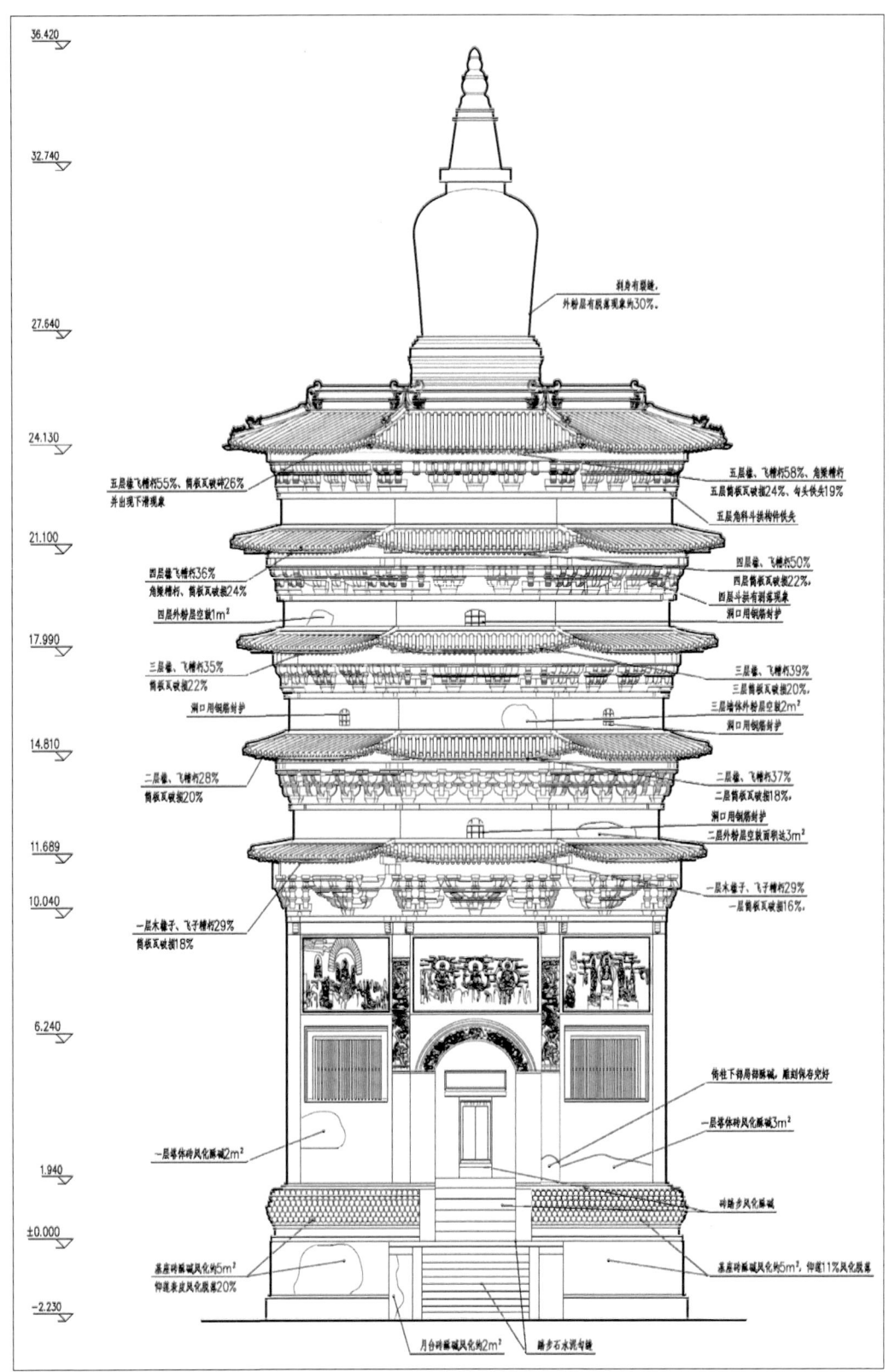

南立面图

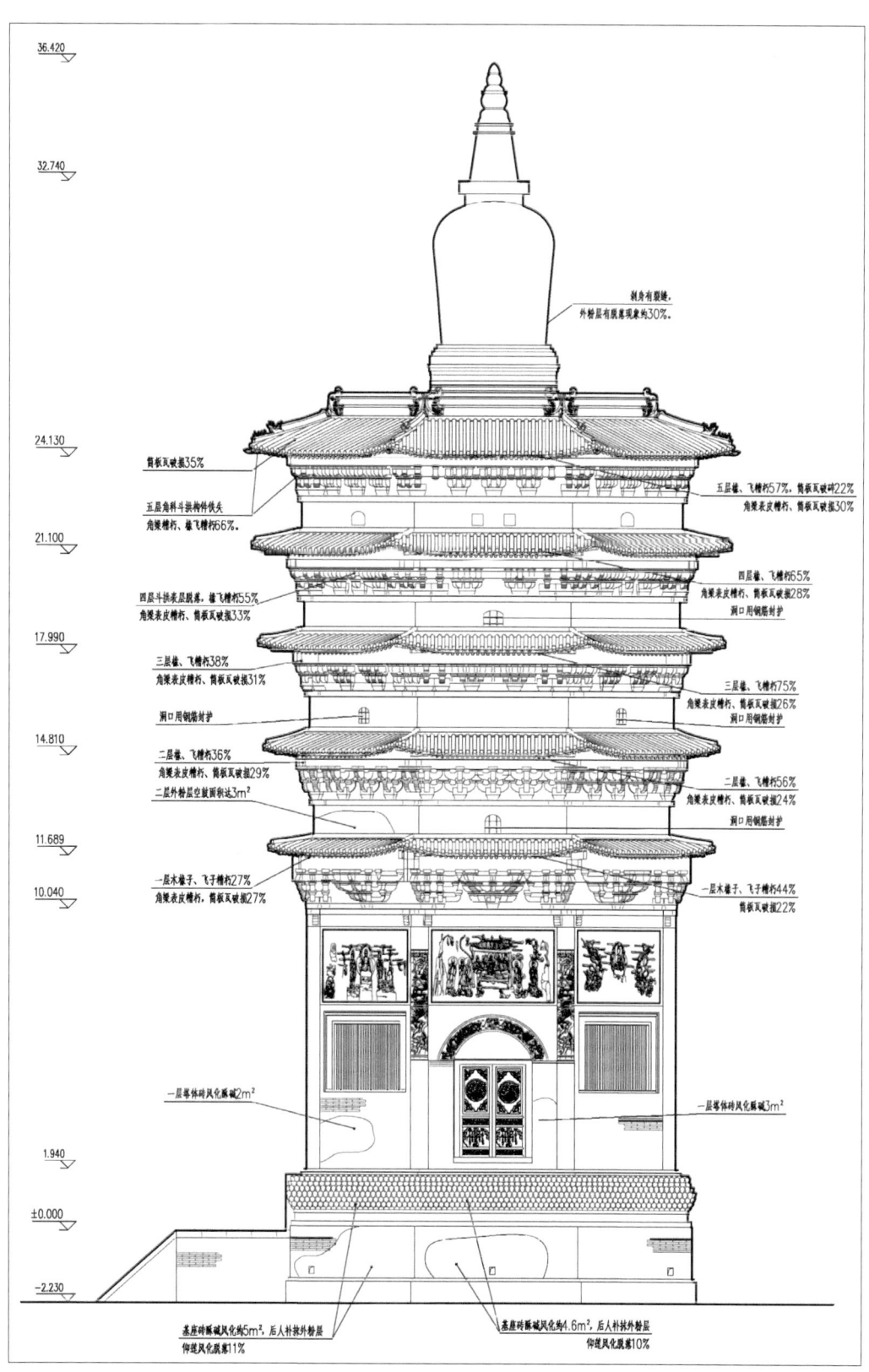

东立面图

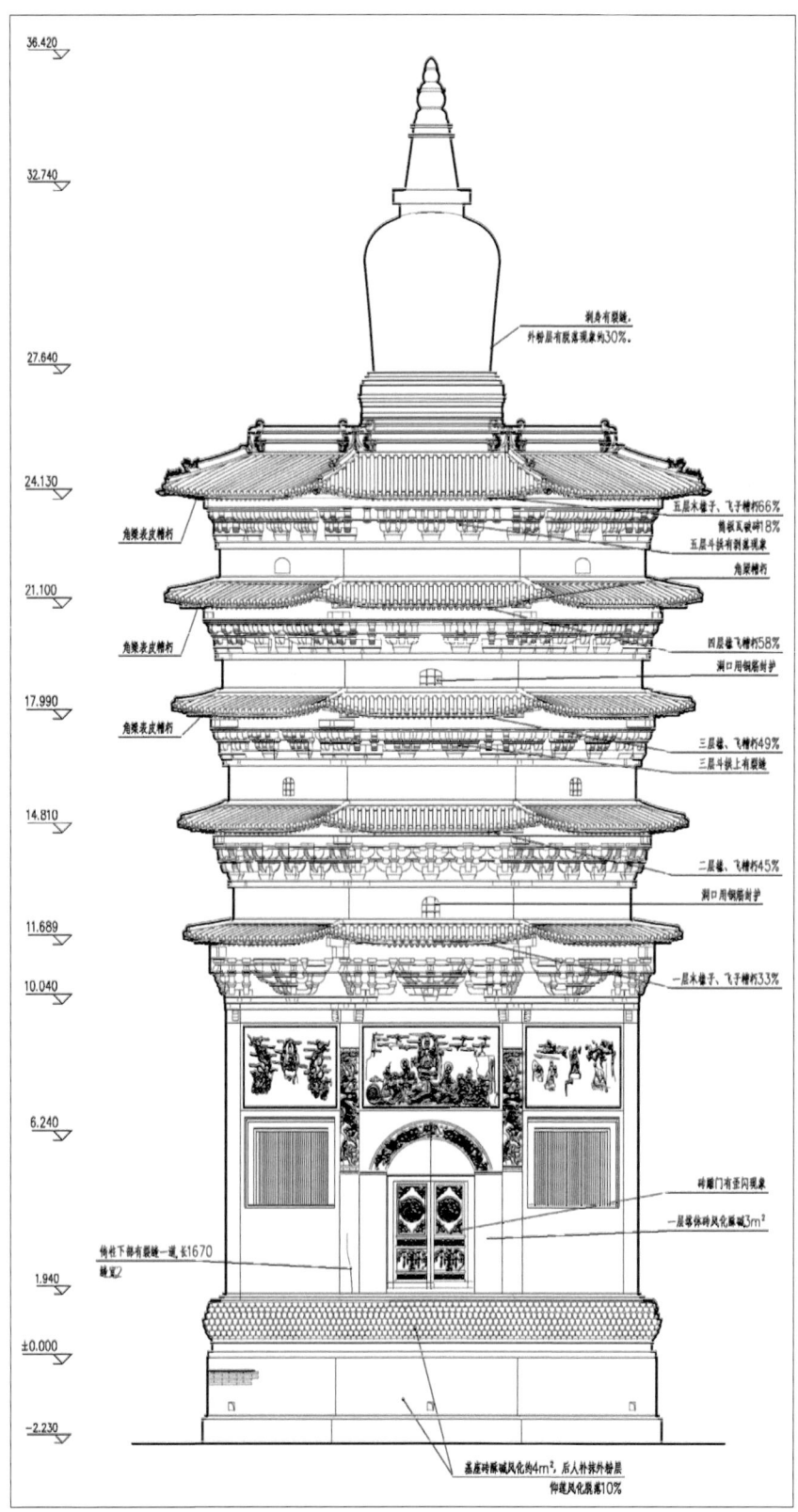

北立面图

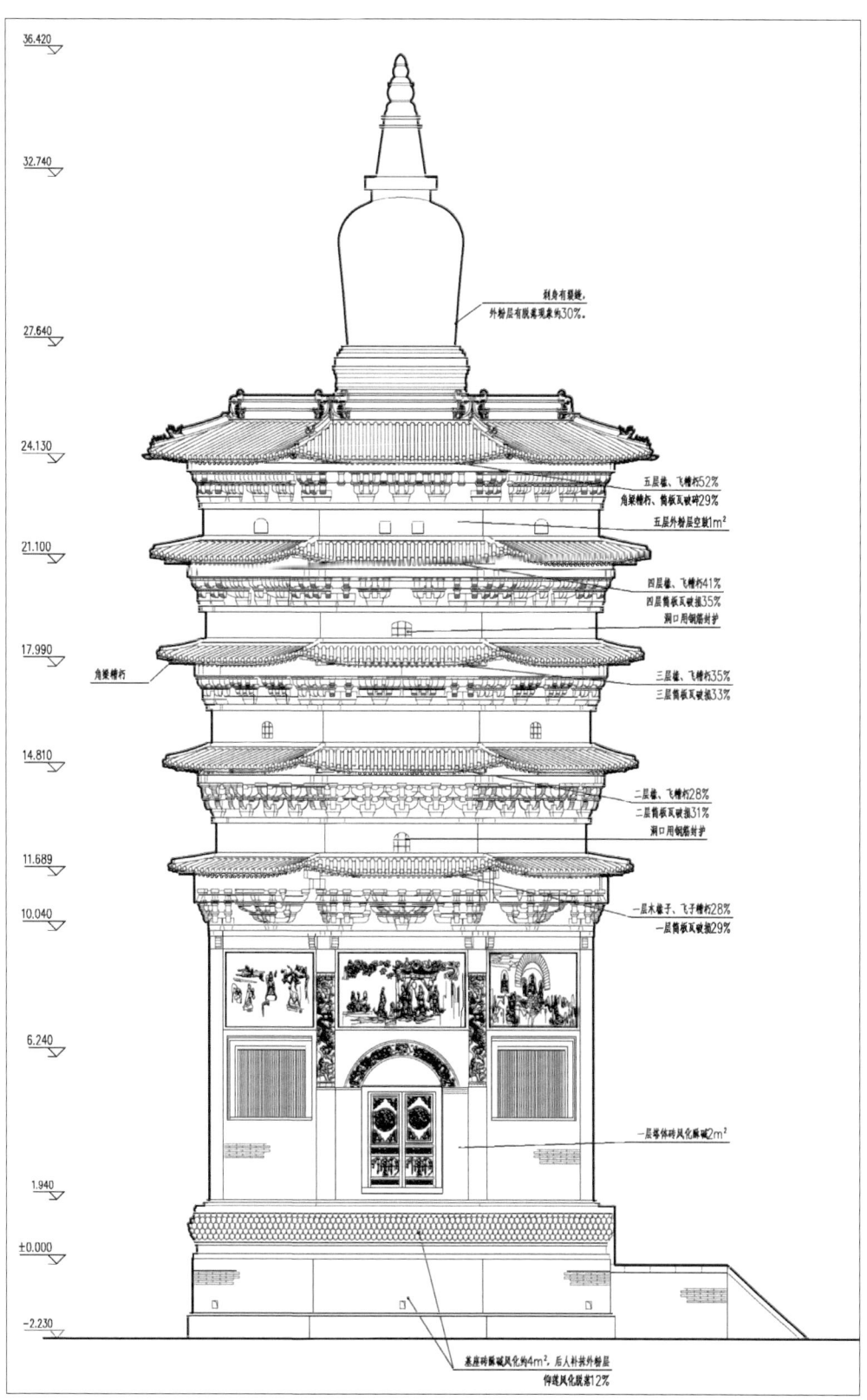

西立面图

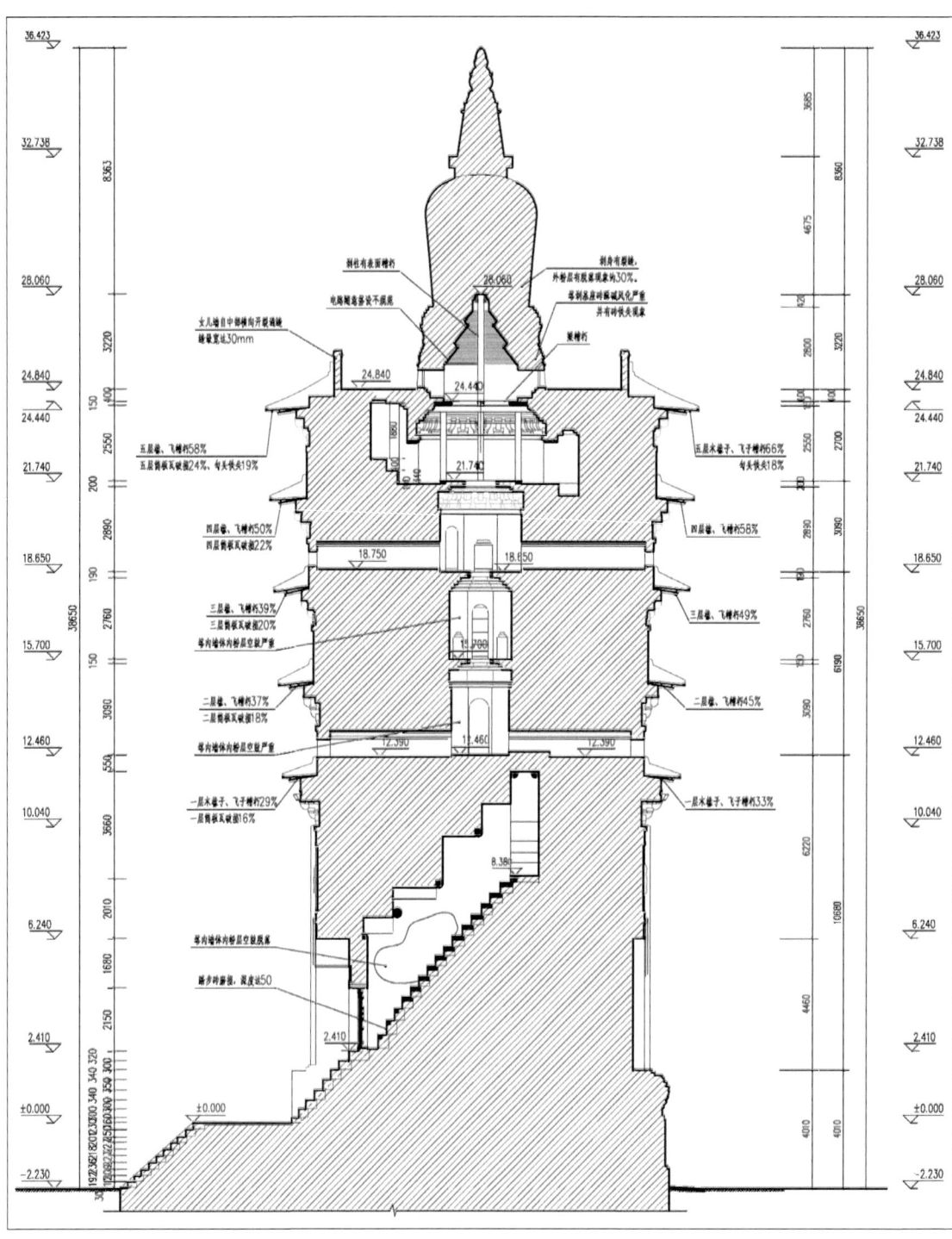

1-1 剖面图

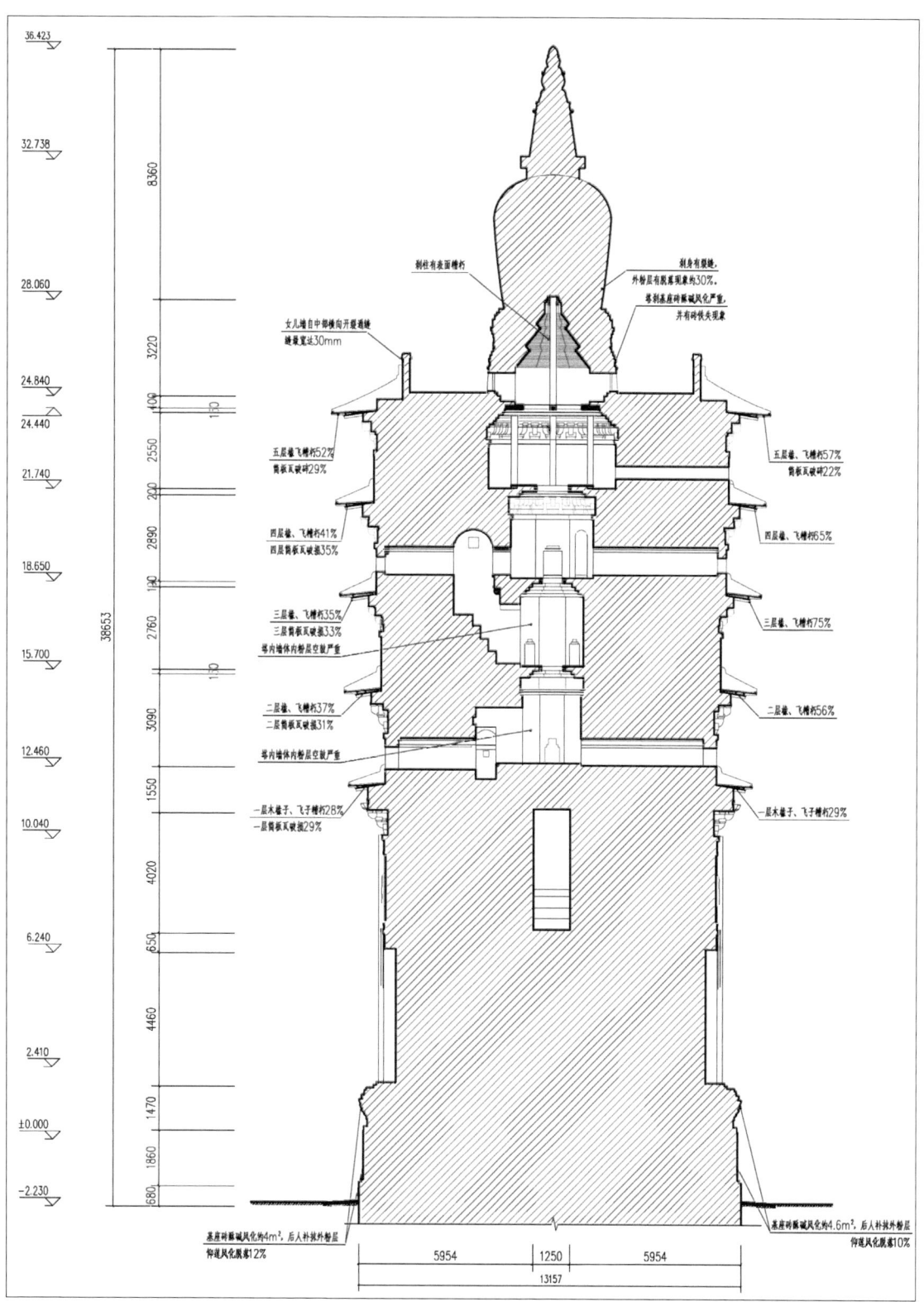

2-2 剖面图

第三章 岩土工程勘察

本次详细的岩土工程勘察的目的及任务为：

①查明建筑场地地层结构、时代、成因、分布及物理力学性质指标。

②查明建筑场地地下水类型、水位深度、水位变化规律，并评价水和土对建筑材料的腐蚀性。

③确定建筑场地抗震设防烈度、场地土类型、建筑场地类别。对场地与地基的地震效应进行评价。对场地的稳定性和适宜性进行评价。

④查明埋藏的河道、沟浜、墓穴、防空洞、孤石等对工程不利的埋藏物。

⑤确定地基土承载力特征值，分析与评价地基的稳定性、均匀性。

⑥查明有无影响建筑场地稳定性的不良地质现象，并对其防治、治理措施做出论证并提出建议。

⑦对地基基础加固方案进行分析论证，提出经济合理的加固设计方案建议，提供可能采用的复合地基设计参数。

按照《岩土工程勘察规范》（GB50021-2001）中3.1节规定，本工程重要性等级为二级，场地复杂程度等级为二级（中等复杂场地），地基复杂程度等级为二级（中等复杂地基）。综上所述，该工程岩土工程勘察等级为乙级。

按《岩土工程勘察规范》（GB50021-2001），本次勘察勘探孔主要沿建筑物周围布置，共布置勘探孔四个，其中取土样孔两个，标准贯入试验孔两个，设计勘探孔深15.00米~21.00米。

勘测方法采用钻探与取样室内试验相结合的勘察方法。

钻探设备为DPP100-3G型汽车钻机，钻孔孔位位于文峰塔四周，由于建设方未提供大地坐标系，故钻孔坐标暂用假定坐标，假定文峰塔东南侧天王殿的西北角为坐标引测点1（X=0.00，Y=0.00），文峰塔东南角为坐标引测点2（X=2.00，Y=-16.15）。孔口标高为假定高程，假设文峰塔东南侧天王殿室内地面标高为+100.00米，各钻孔标高取其相对值。

钻探工艺：采用螺旋钻无冲洗液回转钻进，钻孔开孔直径130毫米，终孔直径110毫米。原状土样用静压法采取，取土器为敞口式薄壁取土器，土样高度为200毫米。标准贯入试验采用机械提引自动脱钩63.5kg落锤；地层剪切波速采用单孔法测试。

室内土工试验由我公司土工试验室完成，试验项目除做一般常规项目外，还做固结试验项目。其中液、塑限测定方法为数显式76g圆锥仪联合测定法，固结采用快速法，颗粒分析采用标准筛法，黏粒含量分析采用比重计法。

野外勘察工作于2013年3月18日完成，室内土工试验于2013年3月23日完成。具体结果如下表。

完成工作量表

工作项目		工作量	单位
野外勘测	工程测量	4	点
	钻探	72.00	米
	原状样	13	件
	扰动样	3	件
	标准贯入试验	19	次
室内试验	一般常规物理性试验	16	组
	固结试验	13	组
	黏粒含量	6	组

1. 岩土工程条件

1.1 地形地貌与地质构造

拟建场地地形相对平坦，钻孔孔口标高为 99.07 米～99.14 米，相对最大高差 0.07 米。地貌简单，区域上处于太行山南段东麓的复背斜与华北平原过渡地带的安阳河冲积扇上。地质构造上，位于太行山山前大断裂在中生代形成的汤阴地堑中的安阳次凹内。本建筑场地内无全新活动断层通过。

1.2 地层结构

依据野外勘探、原位测试及室内土工试验结果，该场地在勘探深度范围内的地层主要为新近沉积物和第四系冲积物。场地内所揭露的地层按其岩性特征及物理力学性质的差异可划分为三个工程地质层，现由上至下分述如下：

1.2.1 ①层杂填土（Q_4^{ml}）

杂色，湿，松散，含大量砖块、炭屑、石块等。底部为素填土，以黏性土为主，含少量砖屑、炭屑等。不均匀。

层底埋深 4.70 米～5.90 米，层底标高 93.17 米～94.43 米，层厚 4.70 米～5.90 米，平均层厚 5.25 米。

1.2.2 ②层粉土（Q_{4-1}^{al}）

褐黄色，湿，中密，具铁锰质氧化物浸染现象，具钙质条纹浸染。偶见小姜石，见贝壳碎屑。摇振反应中等，干强度低，韧性低，无光泽反应。中等压缩性。顶部为黄褐色粉质黏土，局部夹浅灰色粉质黏土。

层底埋深 9.00 米～10.30 米，层底标高 88.79 米～90.07 米，层厚 3.10 米～5.60 米，平均层厚 4.47 米。

1.2.3 ③层粉土（Q_{4-1}^{al}）

黄褐色，湿，中密，具铁锰质氧化物浸染现象，含少量姜石。略有砂感，底部砂感较强。摇振反应中等，干强度低，韧性低，无光泽反应。中等压缩性。局部夹红褐色粉质黏土。该层未揭穿。揭露最大深度 21.00 米，揭露最低标高 78.09 米，揭露最大厚度11.20米。

1.3 水文地质条件

野外勘测期间，在勘探深度范围内未见地下水。

1.4 不良地质作用及不利埋藏物

根据区域资料及现场勘察，查明该场地内不存在对工程安全有影响的活动断层、滑坡、崩塌、塌陷、采空区、地面沉降、地裂缝、泥石流等不良地质作用，也未发现河道、沟浜、墓穴、防空洞、孤石等对工程不利的埋藏物。

2. 场地岩土工程条件分析与评价

2.1 物理力学性质指标统计

为评价各土层的物理力学指标，对各种测试结果按有关规范进行分层统计分析，对勘察中获得的土工试验结果分别进行了数理统计，结果详见附表3。

2.2 各土层承载力特征值的确定

根据土工试验的分层统计结果，依据《建筑地基基础设计规范》(GB50007-2011)，结合当地经验，提出各土层的承载力特征值，见下表：

各土层承载力特征值表

地层编号	岩土名称	承载力特征值 f_{ak}(kPa)	黏粒含量
①	填 土	70	
②	粉 土	140	11.8
③	粉 土	160	12.9

2.3 地下水及土的腐蚀性评价

依据《岩土工程勘察规范》（GB50021-2001）附录 G.0.1 规定，场地环境类型可划分为Ⅱ类。

由于该场地地下水埋藏较深，在地基与基础施工时可不考虑地下水的影响；根据区域土质分析资料，该场地地基土对混凝土和混凝土中的钢筋具微腐蚀性。

3. 场地地震效应评价

3.1 抗震设防烈度

根据《建筑抗震设计规范》（GB50011-2010）附录 A 的规定，安阳市区的抗震设防烈度为 8 度，设计地震基本加速度值为 0.20g，设计地震分组第一组。

3.2 建筑场地类别

根据波速测试结果，按《建筑抗震设计规范》（GB50011-2010）中第 4.1.3 条判定，场地土类型为中软场地土；根据区域及附近地质资料，拟建场地的覆盖层厚度小于 50 米。

根据区域及现场波速测试结果，场地内 20 米深度的等效剪切波速值为 238m/s，按《建筑抗震设计规范》（GB50011-2010）中表 4.1.6 及表 5.1.4-2 的规定，该建筑场地类别为Ⅱ类，场地特征周期值为 0.35 秒。

3.3 场地土液化评价

根据场地地层、地下水埋藏条件、基底埋深情况，按《建筑抗震设计规范》（GB50011-2010）中第 4.3.3 条判定，该场地可不考虑液化影响。

3.4 抗震地段的划分

拟建场地内不存在滑坡、崩塌、震陷等影响场地地震稳定的不良作用，场地不存在液化土层，场地稳定，适宜本工程建设。根据《建筑抗震设计规范》(GB50011-2010)中第4.1.1条规定，本场地可划分为建筑抗震一般地段。

4. 地基与基础方案

4.1 地基土压缩性评价

根据土工试验、标准贯入试验结果综合分析如下表。

各土层压缩性指标表

层号	岩土名称	压缩系数 α_{1-2} (1/MPa)	压缩模量 Es_{1-2} (MPa)	压缩性评价
①	杂填土	——	——	高压缩性
②	粉 土	0.222	8.25	中等压缩性
③	粉 土	0.201	9.01	中等压缩性

4.2 地基加固方案建议

由于文峰塔历史久远，建设方未能提供已建文峰塔的基础形式、基础埋深及基础尺寸等情况，设计方可根据类似工程上部结构类型及基础形式，可采用树根桩加固地基，现提供树根桩极限侧阻力标准值 q_{sik}，树根桩极限端阻力标准值 q_{pk}。桩设计参数见下表。

桩极限侧阻力、端阻力特征值表

层号	①	②
桩极限侧阻力 q_{sik}		35
桩极限端阻力 q_{pk}	15	500

5. 场地稳定性和适宜性评价

拟建场地内不存在滑坡、崩塌、震陷等影响场地地震稳定的不良现象，场地稳定，适宜本工程建设。

6. 结论和建议

由于受文峰塔已建物的影响，本次勘察只是查明了文峰塔周围（其基础外围）的地层结构及其物理力学性质。而文峰塔基础下的地层结构及其物理力学性质无法勘察。

建议对文峰塔的垂直度进行检测，以查明文峰塔的倾斜程度。并设置沉降观测点，以观测在维修过程中文峰塔的沉降情况。

若需对文峰塔地基基础进行加固，应进一步查明其基础形式和埋深情况。

依据本次勘察资料及区域地质资料分析，拟建场地稳定，未发现不良地质现象，拟建场地适宜该工程的建设。

根据《建筑抗震设计规范》（GB50011-2010），该区的抗震设防烈度为 8 度，设计基本地震加速度值为 0.2g，设计地震分组第一组。该场地土类型为中软场地土，建筑场地类别为 II 类，特征周期 Tg=0.35s。该场地可划分为对建筑抗震一般地段。该场地可不考虑液化影响。

场地各土层承载力可采用提供的承载力特征值。

在本次勘察深度内未见地下水，可不考虑地下水对建筑物的影响。根据区域土质分析结果，该场地地基土对混凝土和钢筋混凝土中的钢筋具微腐蚀性。

各钻孔深度从拟建场地的自然地面算起。

该场地标准冻结深度为 0.40 米。

基槽开挖后应通知勘察单位，会同各有关部门，做好验槽工作，发现问题及时处理。

在基础施工后，及时填埋基础。

设计篇

第一章 修缮设计方案

1. 设计指导思想及修缮方案设计原则

1.1 设计指导思想

遵照中华人民共和国文物保护法有关精神，按照我国古建筑修缮管理办法要求，参照中华人民共和国国家标准《建筑结构荷载规范》（GB50009-2001）、《建筑地基基础设计规范》（GB50007-2002）、《古建筑木结构维护与加固技术规范》（GB50165-92标准）和《中国文物古迹保护准则》的相关要求，参照国际文物建筑保护文件和范例，结合天宁寺塔的实际特点和现存状况，设计理念为：保留和有依据地恢复原形制、作法、工艺，从而保证其时代特征未遭变动为首要原则。并在制定设计方案时将设计人思维对建筑的干预控制在最低程度。在结构安全的情况下将修缮范围严加控制，最大限度保存文物建筑的历史特征得以延续。通过修缮，客观地较好地保护建筑及建筑的真实性，整修恢复其时代风貌。

因此，拟在保证结构安全的前提下最大限度地保留原有大木构件，对已无法继续使用的予以更换；通过对现存结构具体的病症、病害特征加以分析，采取相应的加固措施，在建筑时代特征不发生变动的情况下对结构的薄弱部位予以加强，从根本上解决结构安全隐患。使这一优秀民族文化得到高质量的保护，在文明建设中发挥积极作用，这是本次维修方案设计的宗旨。

1.2 修缮设计原则

对天宁寺塔的维修设计应遵循下列原则：

（1）天宁寺塔的维修工作，以《中华人民共和国文物保护法》为基本原则，严格遵守我国古建筑维修管理的有关条例及规定。结合其建筑特点，对之进行部分整修。

（2）必须遵守不改变文物原状的修缮原则，不改变任何有历史意义的遗存。

（3）慎重对待复原问题。凡复原者，必须具有足够的依据。对缺少依据者，只要无碍结构和使用功能，均不做复原。出于保护和使用要求的复原，应不在艺术和时代特征上刻意臆测，待以后有确实的依据再进行复原。

（4）尽可能多地保留原构件。对构件的更换必须掌控在最小的限度。凡是能加固使用的原构件，均应予以保存；确实无法使用但具备较高的历史与艺术价值的构件应予以拆除后妥善保护。

（5）新添置的部分应具有可识别性和可逆性。当用原材料、原工艺进行维修时，应注意使新配部分在材料的色泽、细部、纹路等方面与原件有一定程度区别，如有可能，应在所用材料、构件的隐蔽部位做出时间及修缮情况标记。对薄弱结构，可在隐藏部分用现代材料或构造进行补强。

对天宁寺塔的维修设计应遵循下列设计依据：

（1）《中华人民共和国文物保护法实施细则》的有关规定。

（2）《河南省文物保护管理办法》以及相关文件。

（3）现状勘测资料、历史文献资料及走访群众调查资料。

（4）安阳大地勘探工程有限公司提供的《天宁寺地质勘查报告》。

（5）郑州大学提供的《安阳天宁寺塔稳定性评估报告》。

2. 具体处理措施

2.1 天宁寺塔修缮具体措施

2.1.1 塔身南立面

（1）塔基座

残损位置、性质、程度：踏步石水泥勾缝，月台砖酥碱风化约2平方米。

维修措施：剔除水泥勾缝，挖补酥碱深度达20毫米的酥碱砖约1.5平方米，不足20毫米且能达到强度要求的保留使用。

(2)塔体

残损位置、性质、程度：塔体砖踏步风化酥碱，倚柱下部局部酥碱，雕刻保存完好，墙体外粉层空鼓2平方米，东西墙各有一道通裂缝宽5毫米，现用白灰补砌。

维修措施：踏步现状保留，挖补酥碱倚柱，剔除两平方米空鼓外粉层，重做外粉，裂缝暂不处理。

(3)斗拱

残损位置、性质、程度：四层斗拱有剥落现象，其他砖斗拱保存完好。

维修措施：斗拱外皮剥落，保留现状。

(4)门洞（气窗）

残损位置、性质、程度：第二层、第四层立面开有塔洞，皆用角铁钢筋做门封护。

维修措施：拆除角铁钢筋门。

(5)木角梁

残损位置、性质、程度：一层至三层基本完好，四层、五层角梁糟朽。

维修措施：更换四层、五层糟朽角梁。

(6)椽子、飞子、琉璃瓦

残损位置、性质、程度：一层木椽子、飞子糟朽29%，二层椽、飞糟朽37%，三层椽、飞糟朽39%，四层椽、飞糟朽50%，五层椽、飞糟朽58%。一层筒板瓦破损16%，二层筒板瓦破损18%，三层筒板瓦破损20%，四层筒板瓦破损22%，五层筒板瓦破损24%。一层勾头佚失19%。

维修措施：根据勘察的残损量更换椽子、飞子，修补筒板瓦，补配佚失勾头。

2.1.2 塔身东南立面

(1)塔基座

残损位置、性质、程度：基座砖酥碱风化约5平方米，仰莲10%风化脱落。

维修措施：挖补酥碱风化深度达20毫米的砖约4平方米，补配脱落仰莲。

(2)塔体

残损位置、性质、程度：一层塔体上部砖风化酥碱2平方米，砖雕基本完好。二层外粉层空鼓面积达3平方米。

维修措施：挖补酥碱风化深度达20毫米的砖，剔除三平方米空鼓外粉层，重做外粉。

（3）斗拱

残损位置、性质、程度：四层斗拱表层脱落，五层角科斗拱构件佚失（东南角），其他基本完好。

维修措施：补配角科斗拱佚失构件。

（4）门洞（气窗）

残损位置、性质、程度：第三层、第五层立面开有塔洞，皆用角铁钢筋做门封护。

维修措施：拆除角铁钢筋门。

（5）木角梁

残损位置、性质、程度：一层至四层基本完好，五层角梁糟朽。

维修措施：更换五层糟朽角梁。

（6）椽子、飞子、琉璃瓦

残损位置、性质、程度：一层木椽子、飞子糟朽27%，二层椽、飞糟朽36%，三层椽、飞糟朽38%，四层椽、飞糟朽55%，五层椽、飞糟朽66%。一层筒板瓦破损27%，二层筒板瓦破损29%，三层筒板瓦破损31%，四层筒板瓦破损33%，五层筒板瓦破损35%。

维修措施：根据勘察的残损量更换椽子、飞子，补配破损筒板瓦。

2.1.3 塔身东立面

（1）塔基座

残损位置、性质、程度：基座砖酥碱风化约4平方米，后人补抹外粉层，并开气洞一个，砖散水破碎68%，砖雕花风化严重并佚失两块，仰莲风化脱落10%。

维修措施：挖补酥碱深度达20毫米砖约3平方米，其他保留，剔除后人粉刷的外粉层，更换散水砖，补配脱落仰莲，佚失的砖雕暂不配。

（2）塔体

残损位置、性质、程度：一层塔体砖风化酥碱3平方米。

维修措施：挖补塔体酥碱深度达20毫米的砖约2平方米，其他的保留现状。

（3）斗拱

残损位置、性质、程度：斗拱基本完好。

（4）门洞（气窗）

残损位置、性质、程度：第二层、第四层立面开有塔洞，五层开方形洞口两个，皆用角铁钢筋做门封护。

维修措施：拆除角铁钢筋门。

（5）木角梁

残损位置、性质、程度：各层角梁都有不同程度糟朽现象。

维修措施：未达到残损界限，保留现状。

（6）椽子、飞子、琉璃瓦

残损位置、性质、程度：一层木椽子、飞子糟朽44%，二层椽、飞糟朽56%，三层椽、飞糟朽75%，四层椽、飞糟朽65%，五层椽、飞糟朽57%。一层筒板瓦破损22%，二层筒板瓦破损24%，三层筒板瓦破损26%，四层筒板瓦破损28%，五层筒板瓦破损30%。

维修措施：根据勘察的残损量更换椽子、飞子，补配破损筒板瓦。

2.1.4 塔身东北立面修缮具体措施

（1）塔基座

残损位置、性质、程度：基座砖酥碱风化约1平方米，后人补抹外粉层，并开气洞一个，砖散水破碎68%，砖雕花风化严重，仰莲风化脱落15%。

维修措施：挖补酥碱深度达20毫米的酥碱砖约1平方米，剔除后人补抹外粉层，补配破碎散水砖，补配脱落仰莲。

（2）塔体

残损位置、性质、程度：一层塔体砖风化酥碱2平方米，东北角倚柱后人用水泥补砌。

维修措施：挖补酥碱深度达20毫米的酥碱砖约1.5平方米，剔除水泥补砌倚柱，用青砖重新补砌。

（3）斗拱

残损位置、性质、程度：五层斗拱东南角构件破损。

维修措施：补砌斗拱破损构件。

（4）门洞（气窗）

残损位置、性质、程度：第三层、第五层立面开有塔洞，皆用角铁钢筋做门封护。

维修措施：拆除角铁钢筋门。

（5）木角梁

残损位置、性质、程度：各层角梁表皮都有糟朽现象。

维修措施：保留现状。

（6）椽子、飞子、琉璃瓦

残损位置、性质、程度：一层木椽子、飞子糟朽36%，二层椽、飞糟朽48%，三层椽、飞糟朽55%，四层椽、飞糟朽65%，五层椽、飞糟朽69%。一层筒板瓦破损19%，二层筒板瓦破损21%，三层筒板瓦破损23%，四层筒板瓦破损25%，五层筒板瓦破损27%。

维修措施：根据勘察的残损量更换椽子、飞子，补配破损筒板瓦。

2.1.5 塔身北立面

（1）塔基座

残损位置、性质、程度：基座砖酥碱风化约4平方米，后人补抹外粉层，并开气洞三个，砖散水破碎59%，砖雕花风化严重，仰莲表皮风化脱落10%。

维修措施：挖补酥碱深度达20毫米的酥碱砖约3平方米，剔除后人补抹外粉层，补配破碎散水砖，补配脱落仰莲。

（2）塔体

残损位置、性质、程度：一层塔体砖风化酥碱3平方米，倚柱下部有裂缝一道，砖雕门有歪闪现象。

维修措施：挖补酥碱深度达20毫米的酥碱砖约2平方米，倚柱裂缝暂不处理，将歪闪砖雕门扶正归安。

（3）斗拱

残损位置、性质、程度：三层斗拱上有裂缝，五层斗拱有剥落现象，其他完好。

维修措施：斗拱裂缝暂不处理。

（4）门洞（气窗）

残损位置、性质、程度：第二层、第四层立面开有塔洞，皆用角铁钢筋做门封护。

维修措施：拆除角铁钢筋门。

（5）木角梁

残损位置、性质、程度：四层角梁有糟朽现象。

维修措施：更换糟朽角梁。

（6）椽子、飞子、琉璃瓦

残损位置、性质、程度：一层木椽子、飞子糟朽33%，二层椽、飞糟朽45%，三层椽、飞糟朽49%，四层椽、飞糟朽58%，五层椽、飞糟朽66%。一层筒板瓦破损18%，二层筒板瓦破损20%，三层筒板瓦破损22%，四层筒板瓦破损24%，五层筒板瓦破损26%。

维修措施：根据勘察的残损量更换椽子、飞子，补配破损筒板瓦。

2.1.6 塔身西北立面

（1）塔基座

残损位置、性质、程度：基座砖酥碱风化约4.5平方米，后人补抹外粉层，并开气洞二个，砖散水破碎40%，砖雕花风化严重，仰莲表皮风化脱落20平方米。

维修措施：挖补酥碱深度达20毫米的酥碱砖约3平方米，剔除后人补抹外粉层，补配破碎散水砖，补配脱落仰莲。

（2）塔体

残损位置、性质、程度：一层塔体砖风化酥碱3.5平方米，倚柱下部风化，砖雕门有歪闪现象，四层外粉层空鼓1.5平方米。

维修措施：挖补酥碱深度达20毫米的酥碱砖约3平方米，倚柱风化处进行挖补，将歪闪砖雕门扶正、归安。剔除外粉空鼓层，重做外粉。

（3）斗拱

残损位置、性质、程度：五层斗拱有剥落现象，其他完好。

（4）门洞（气窗）

残损位置、性质、程度：第三层、第五层立面开有塔洞，皆用角铁钢筋做门封护。

维修措施：拆除角铁钢筋门。

（5）木角梁

残损位置、性质、程度：三层角梁有糟朽现象。

维修措施：更换糟朽角梁。

（6）椽子、飞子、琉璃瓦

残损位置、性质、程度：一层木椽子、飞子糟朽17%，二层椽、飞糟朽28%，三层椽、飞糟朽26%，四层椽、飞糟朽37%，五层椽、飞糟朽46%。一层筒板瓦破损25%，二层筒板瓦破损27%，三层筒板瓦破损29%，四层筒板瓦破损31%，五层筒板瓦破损33%。

维修措施：根据勘察的残损量更换椽子、飞子，补配破碎筒板瓦。

2.1.7 塔身西立面

（1）塔基座

残损位置、性质、程度：基座砖酥碱风化约4平方米，并开气洞三个，砖散水破碎40%，砖雕花风化严重，仰莲表皮风化脱落。

维修措施：挖补酥碱深度达20毫米的酥碱砖约3.5平方米，剔除后人补抹外粉层，补配破碎散水砖，补配脱落仰莲。

（2）塔体

残损位置、性质、程度：一层塔体砖风化酥碱2平方米，五层外粉层空鼓1平方米。

维修措施：挖补酥碱深度达20毫米的酥碱砖约1.5平方米，剔除外粉空鼓层，重做外粉。

（3）斗拱

残损位置、性质、程度：斗拱基本完好。

（4）门洞（气窗）

残损位置、性质、程度：第二层、第四层立面开有塔洞，皆用角铁钢筋做门封护。

维修措施：拆除角铁钢筋门。

（5）木角梁

残损位置、性质、程度：五层角梁有糟朽现象。

维修措施：更换糟朽角梁。

（6）椽子、飞子、琉璃瓦

残损位置、性质、程度：一层木椽子、飞子糟朽28%，二层椽、飞糟朽28%，三层椽、飞糟朽35%，四层椽、飞糟朽41%，五层椽、飞糟朽52%。一层筒板瓦破损29%，二层筒板瓦破损31%，三层筒板瓦破损33%，四层筒板瓦破损35%，五层筒板瓦破损37%。

维修措施：根据勘察的残损量更换椽子、飞子，补配破损筒板瓦。

2.1.8 塔身西南立面

（1）塔基座

残损位置、性质、程度：基座砖酥碱风化约5平方米，并开气洞一个，砖散水破碎 40%，砖雕花风化严重，仰莲表皮风化脱落 20%。

维修措施：挖补酥碱深度达 20 毫米的酥碱砖约 4 平方米，剔除后人补抹外粉层，补配破碎散水砖，补配脱落仰莲。风化砖雕保留现状。

（2）塔体

残损位置、性质、程度：一层塔体砖风化酥碱 2 平方米，四层外粉层空鼓 1 平方米。

维修措施：挖补酥碱深度达 20 毫米的酥碱砖约 1 平方米，剔除外粉空鼓层，重做外粉。

（3）斗拱

残损位置、性质、程度：斗拱基本完好。

（4）门洞（气窗）

残损位置、性质、程度：第三层、第五层立面开有塔洞，皆用角铁钢筋做门封护。

维修措施：拆除角铁钢筋门。

（5）木角梁

残损位置、性质、程度：四层角梁有糟朽现象。

维修措施：更换糟朽角梁。

（6）椽子、飞子、琉璃瓦

残损位置、性质、程度：一层木椽子、飞子糟朽 29%，二层椽、飞糟朽 28%，三层椽、飞糟朽 35%，四层椽、飞糟朽 36%，五层椽、飞糟朽 55%。一层筒板瓦破损 18%，二层筒板瓦破损 20%，三层筒板瓦破损 22%，四层筒板瓦破损 24%，五层筒板瓦破损 26%，并出现下滑现象。

维修措施：根据勘察的残损量更换椽子、飞子，补配破碎筒板瓦。

2.1.9 塔刹修缮具体措施

（1）塔刹基座

残损位置、性质、程度：塔刹基座砖酥碱风化严重约 2 平方米，并有砖佚失现象。

维修措施：挖补酥碱深度达 20 毫米的砖约 1 平方米，补配佚失砖。

（2）刹身

残损位置、性质、程度：刹身有裂缝，外粉层有脱落现象约 30%。

维修措施：裂缝暂不处理，重做外粉层。

（3）刹顶

残损位置、性质、程度：基本完好。

（4）女儿墙

残损位置、性质、程度：女儿墙自中部横向开裂通缝，最宽达 30 毫米。

维修措施：由于裂缝自墙体中部横向裂开，对墙体的稳固性造成严重危害，建议拆除后重砌女儿墙。

2.1.10 塔内修缮具体措施

（1）一层

残损位置、性质、程度：踏步磨损深度达 50 毫米，墙体内粉层空鼓脱落约 1 平方米。

维修措施：踏步暂不处理，剔除约 1 平方米空鼓内粉层重新粉饰。

（2）二层

残损位置、性质、程度：东南边设上道口，顶置斗拱，内粉层空鼓严重约 2 平方米，踏步磨损深达 120 毫米。

维修措施：踏步暂不处理，剔除约 2 平方米空鼓内粉层重新粉饰。

（3）三层

残损位置、性质、程度：踏步磨损深度达 50 毫米，内粉层空鼓约三平方米。 维修措施：踏步暂不处理，剔除约两平方米空鼓内粉层重新粉饰。

（4）四层

残损位置、性质、程度：踏步磨损深度达 50 毫米，内粉层空鼓脱落约两平方米。

维修措施：踏步暂不处理，剔除约两平方米空鼓内粉层重新粉饰。

（5）五层

残损位置、性质、程度：踏步磨损严重，深度达 100 毫米，内粉层脱落严重，约 1 平方米，刹柱有糟朽现象，十字梁糟朽。电路随意搭设，不规范。

维修措施：踏步暂不处理，剔除约 1 平方米空鼓内粉层重新粉饰。刹柱暂不处理，更换糟朽十字梁。建议重新铺设塔内电路。

2.2 总体规划

鉴于天宁寺塔未做总体保护规划，建议尽快制定天宁寺塔总体规划，完善天宁寺塔的道路、绿化、照明、排水、安防、消防设施及保护、管理等设施。

2.3 结构病害治理措施

按照古建筑维修类别的标准，结合现行结构维修手段，将塔定为一般性维修工程。

2.3.1 塔体加固措施

如前所述，塔体存在较多细微的裂缝，有必要根据古塔的结构特点，并结合现代结构加固手段对塔体进行加固和裂缝处理，措施如下：

对塔体的裂缝，不进行修补做现状观察，做好勘测记录，实施对比看裂缝是否有进一步的发展。如经过观察塔体裂缝还在加大，及时通知设计单位做进一步的处理。

2.3.2 塔体倾斜处理措施

如前分析，自建塔时塔体就有一定的倾斜。鉴于基础的稳固，暂不做基础处理。另外，当地文物管理部门应委托专业机构对天宁寺塔倾斜情况进行长期监控，以便掌握塔体倾斜资料，从而为制定科学合理的方案提供基础资料。

塔基处理：由于天宁寺塔历史上曾遭受破坏，且目前整个塔基变化不大，此次暂不做处理。

塔基座处理：去除踏步水泥勾缝，补配月台酥碱风化砖，酥碱深度达20毫米的剔除嵌补，不足20毫米且能达到一定强度的保留使用。仰莲表层脱落部分，暂不处理。

塔身处理：各层塔体酥碱风化砖深度达20毫米的剔除嵌补，其他的继续使用。塔体外粉层空鼓的铲除后重做外粉层。对于对塔体结构安全有严重影响的裂缝，参照结构安全防范处理措施予以加固处理。细微裂缝及不影响结构稳定性的裂缝，不做处理，保持原有外观。对于外部斗拱残佚现象，采用原工艺、原材料予以补砌，在隐蔽部位加以标示（如：订制新补配青砖时，可在砖上烧制维修日期），同时，施工过程中进一步检查各层斗拱情况，检查是否存在松动部位，如发现松动部位，予以拆除重砌。对于塔身各层封护的铁制门窗予以拆除，同时对局部洞口有砌砖残失的部位，予以镶补。洞口处有细微裂缝及不影响结构稳定性的裂缝，不做处理，外表白灰勾缝，与塔身原外观基本一致。糟朽木角梁、椽子、飞子予以更换，破损的琉璃构件予以补配，并补配佚失的勾头。塔身的佛龛、砖雕虽历经风雨，面层有风化现象，但目前一些外部保护的化学材料技术不够成熟，暂不做处理，建议在施工过程中，建立完善相关资料档案。塔体各面有砌砖风化酥碱现象，可参照《古建筑木结构维护与加固技术规范》（GB50165-92标准），予以挖补处理。

塔身内部及塔刹塔身内部的裂缝所采取的维修方法同塔外部维修方法基本相同，对于塔体内部塔道砌砖的磨损，为了保持原有风貌暂不处理。内粉层空鼓处予以铲除后重做内粉层。塔刹基座佚失砖予以补配，更换糟朽十字梁。

2.4 维修设计施工做法总体控制

材质说明：补配青砖依据各部位遗存构件规格订制，塔基砖规格为350毫米×160毫米×80毫米。塔身砖规格为420毫米×200毫米×60毫米。尽可能保留原有构件，凡利用化学、物理方法处理后不影响结构稳定性的构件，均应保留。更换下的旧构件，可调整其他部位使用的，可合理利用。

地面做法参见98ZJ901-4-2。

散水做法素土夯实，上打三七灰土二步（厚300），向外坡4%，铺300毫米×300毫米×70毫米青砖白灰勾缝，散水外侧立牙子砖一道。

墙体做法，底层抹灰：常用掺泥灰，白灰黄土的体积比为3∶7，每百千克白灰内掺麻刀3千克~5千克，或稻草、麦壳8~10千克。厚度20毫米。

面层抹灰：材料重量配比如下：白灰麻刀灰重量比，白灰∶麻刀=100∶3，或用纸筋灰，纸筋灰重量比为白灰∶纸筋=100∶10。刷浆：塔外部采用红土色浆，红土∶江米∶白矾=100∶12或14∶4∶4。塔内部采用白色浆于大白粉内掺适量胶料。用排刷各刷2道~3道。

塔檐做法使对苫背整体保存情况无法详勘。

3. 结语

　　本次天宁寺塔勘测过程中，由于隐蔽部位无法得到详尽的探察，会出现勘察不到、情况暂时不明的现象存在。因此本设计中会有不到之处，在工程施工过程中将结合实际情况进行调整补充。

　　天宁寺塔现场勘察及维修保护设计工作，得到了安阳市文物局、安阳市区文物景点管理处的大力支持和配合，在此深表感谢！

第二章 修缮设计图

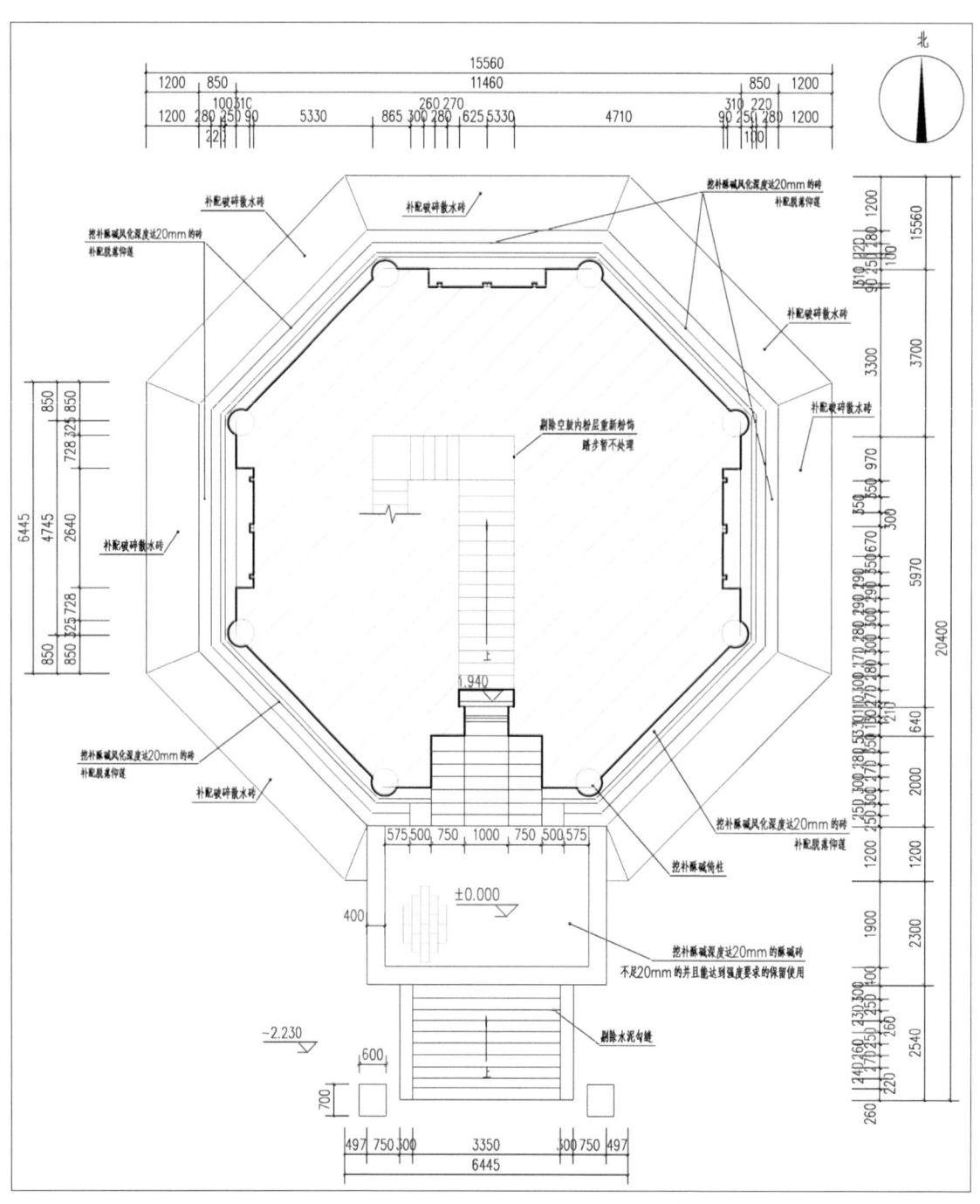

一层平面图

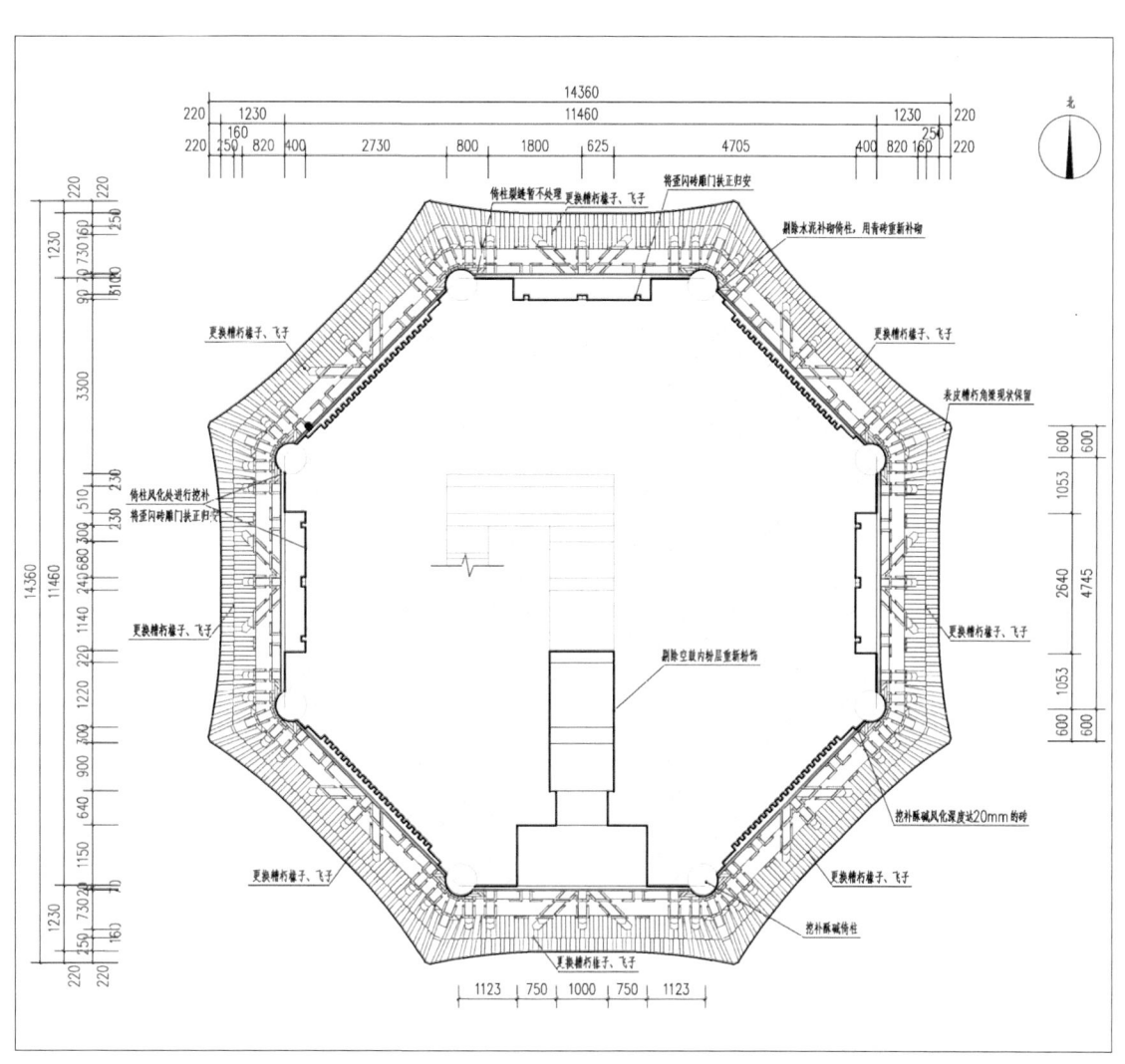

一层仰视图

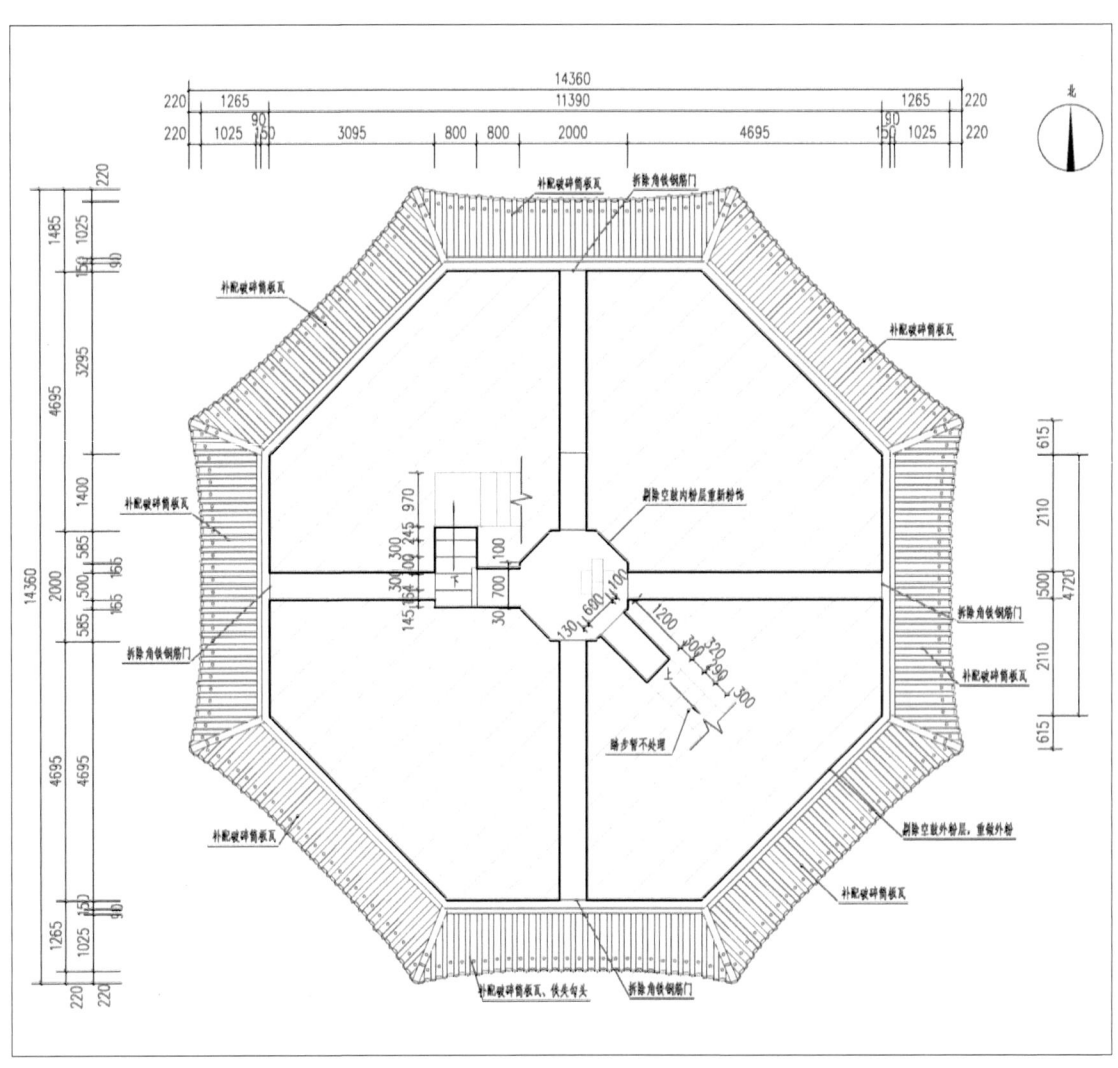

二层平面图

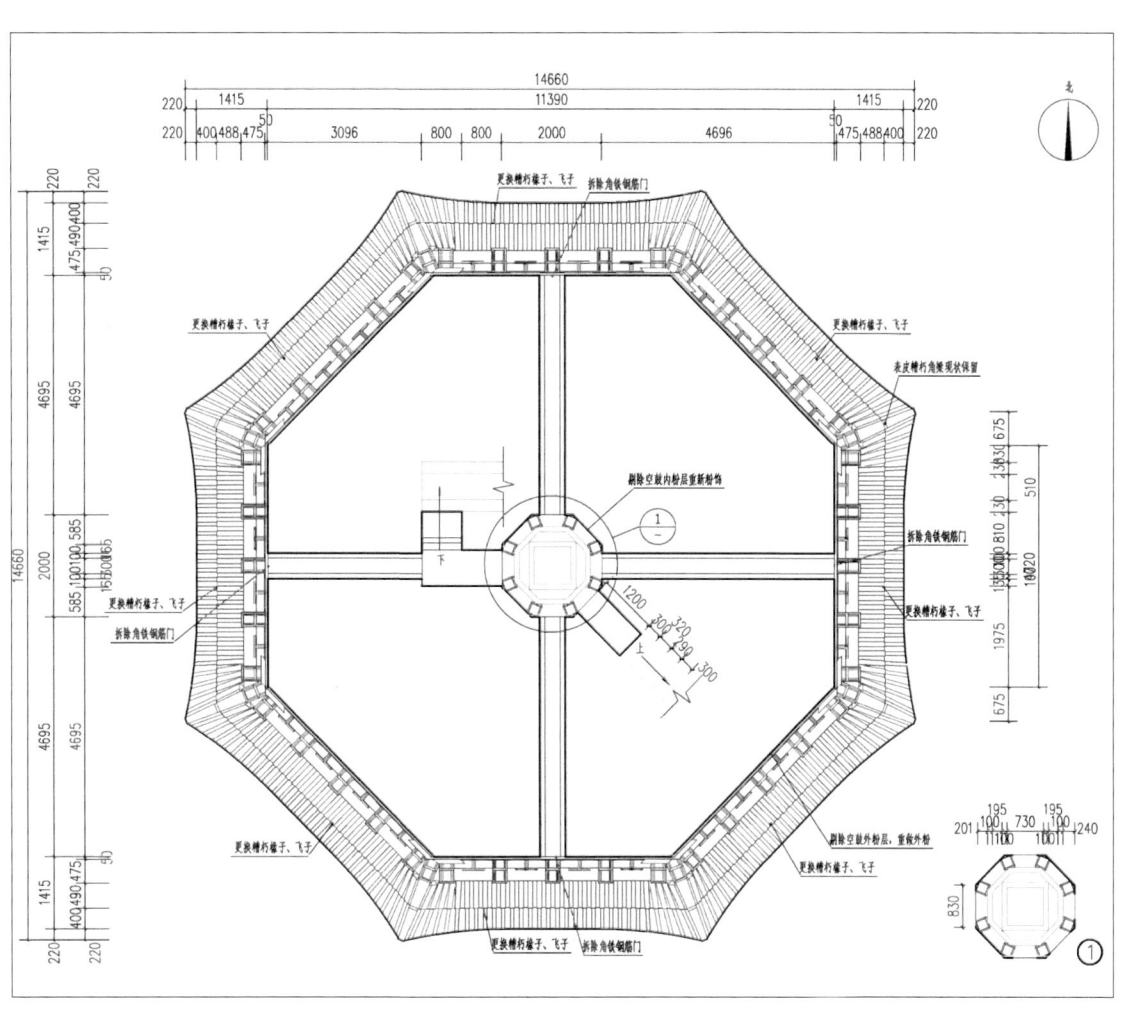

二层仰视图

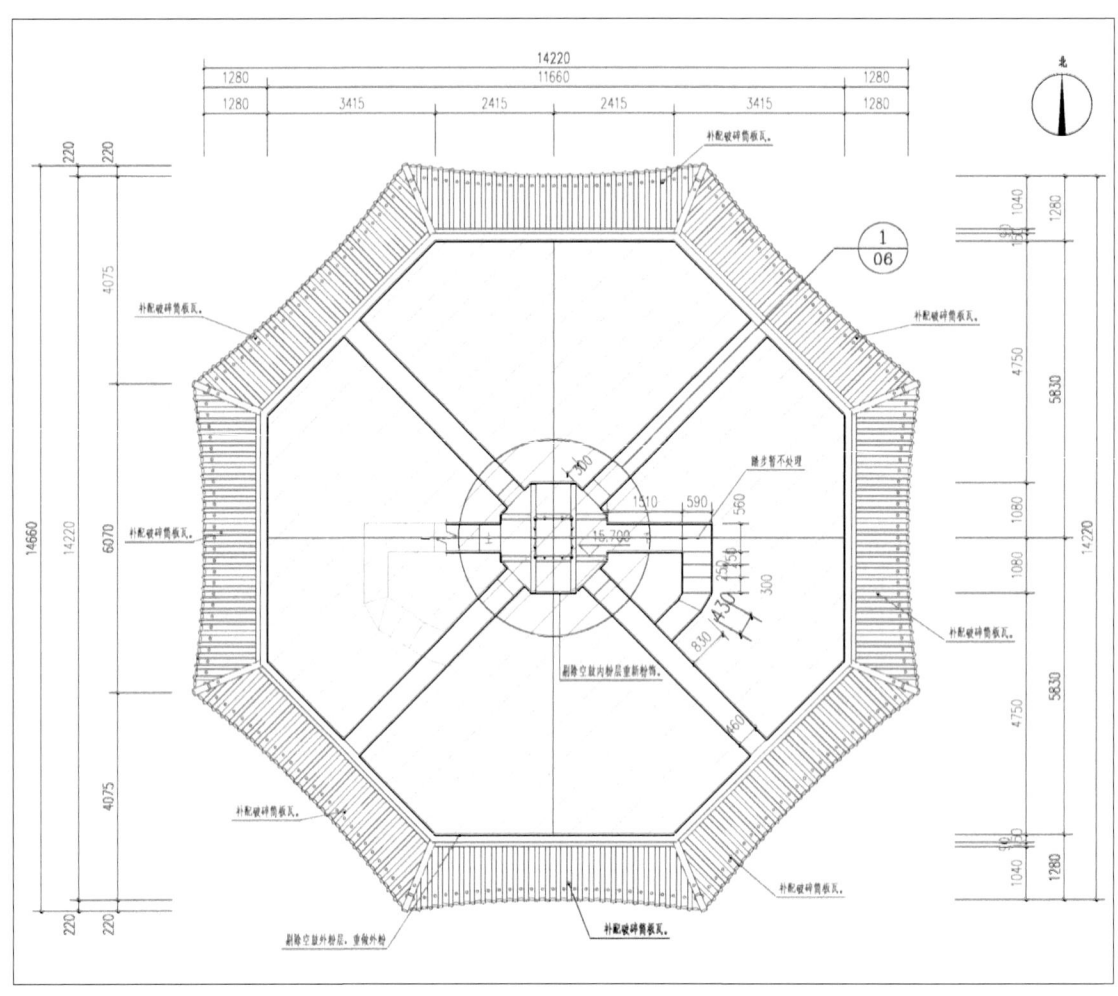

三层平面图

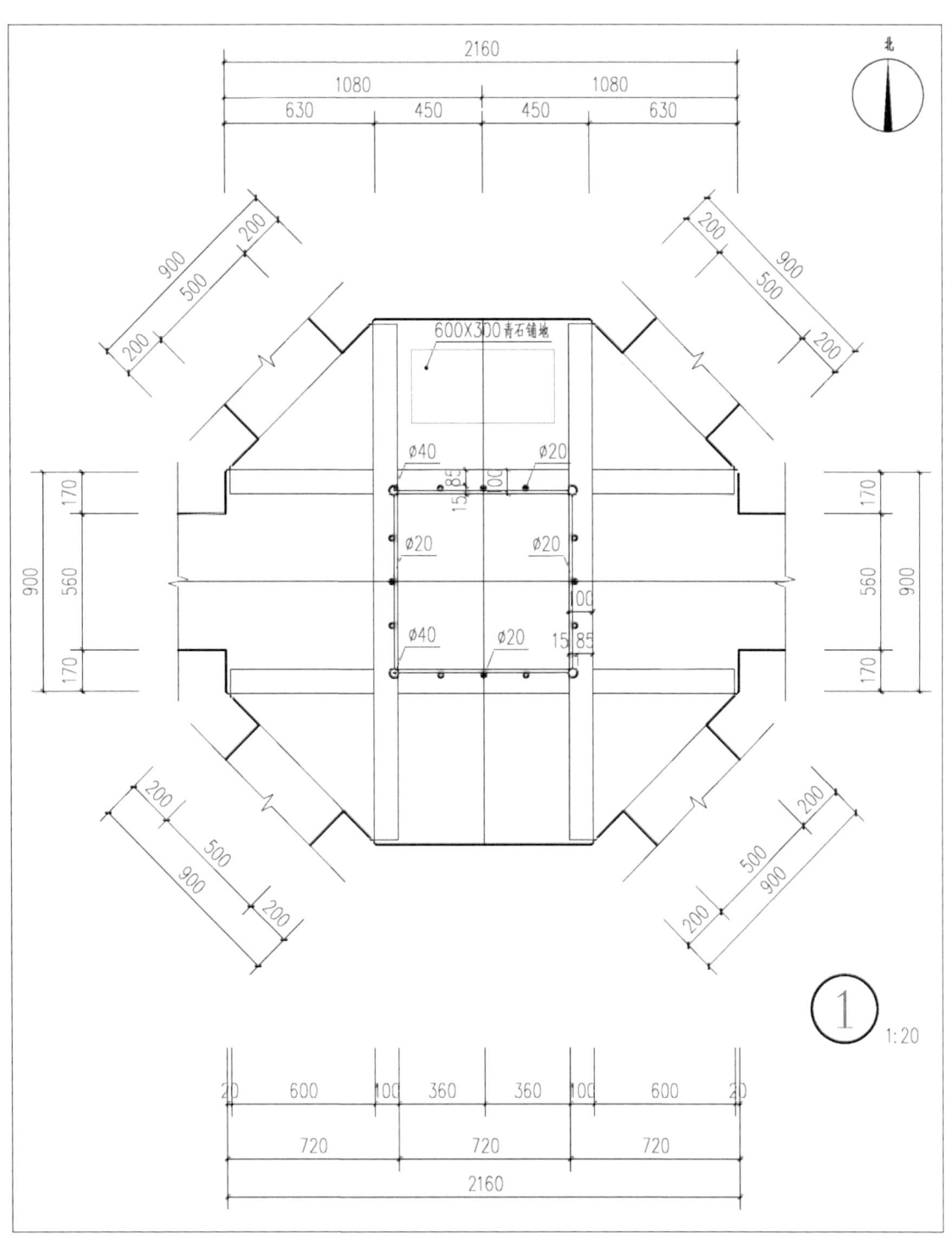

三层内部平面图

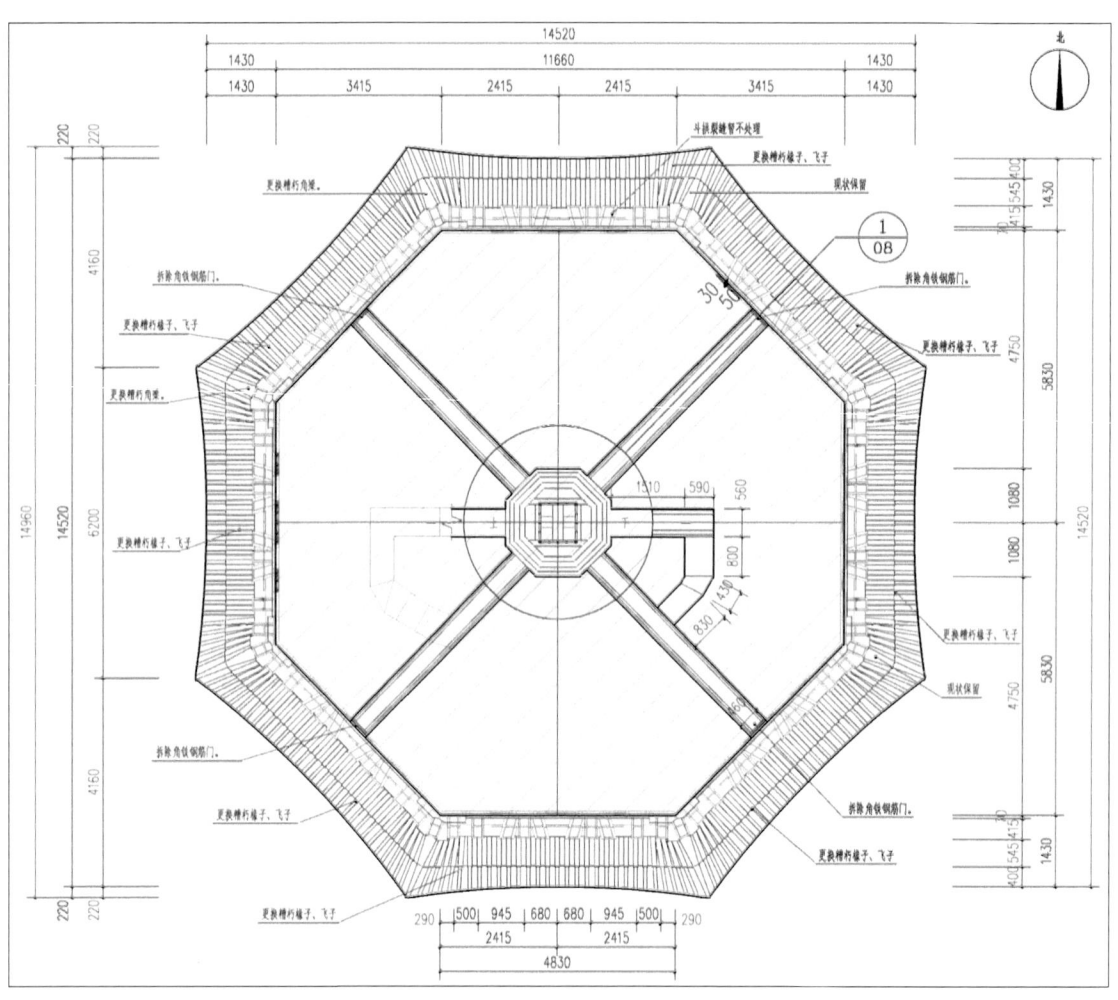

三层仰视图

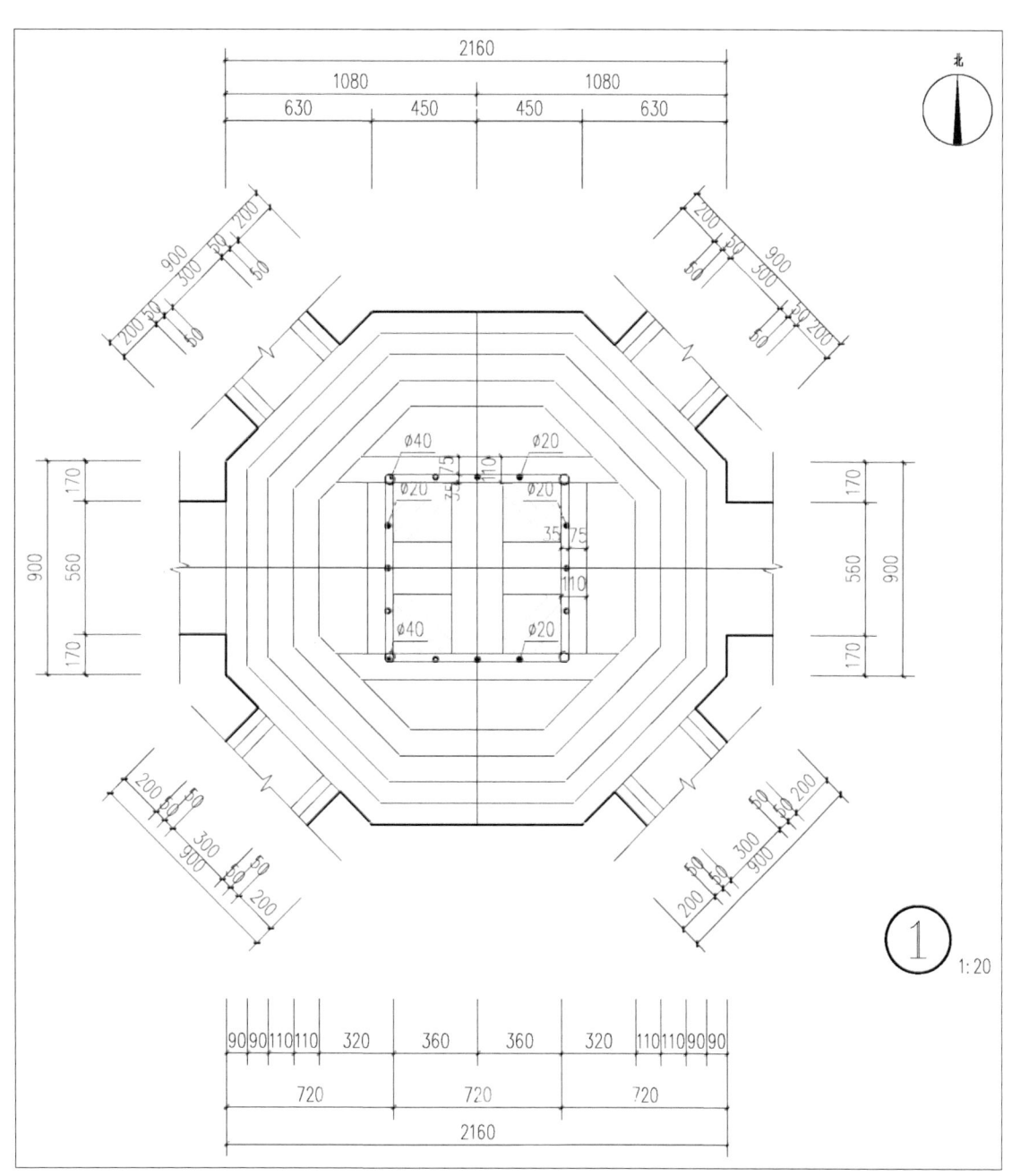

三层内部仰视图

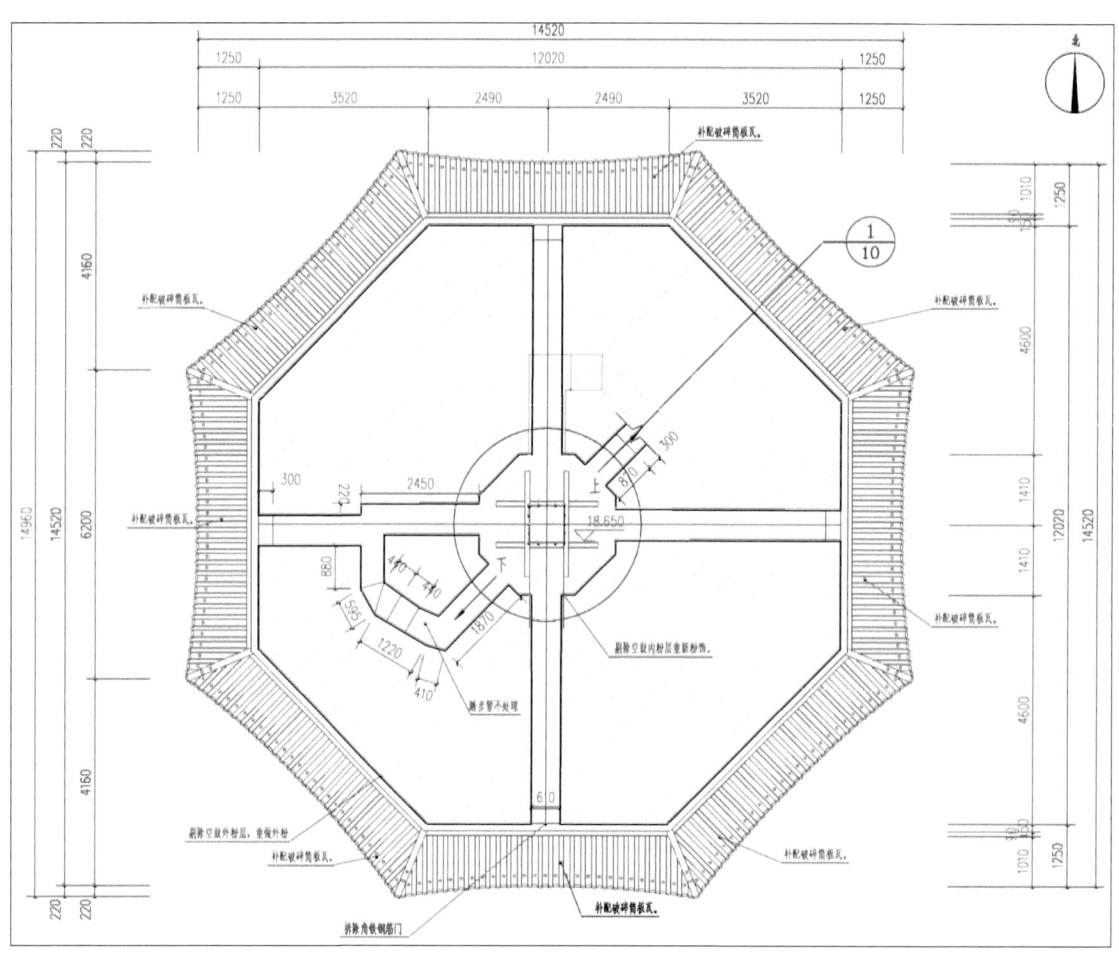

四层平面图

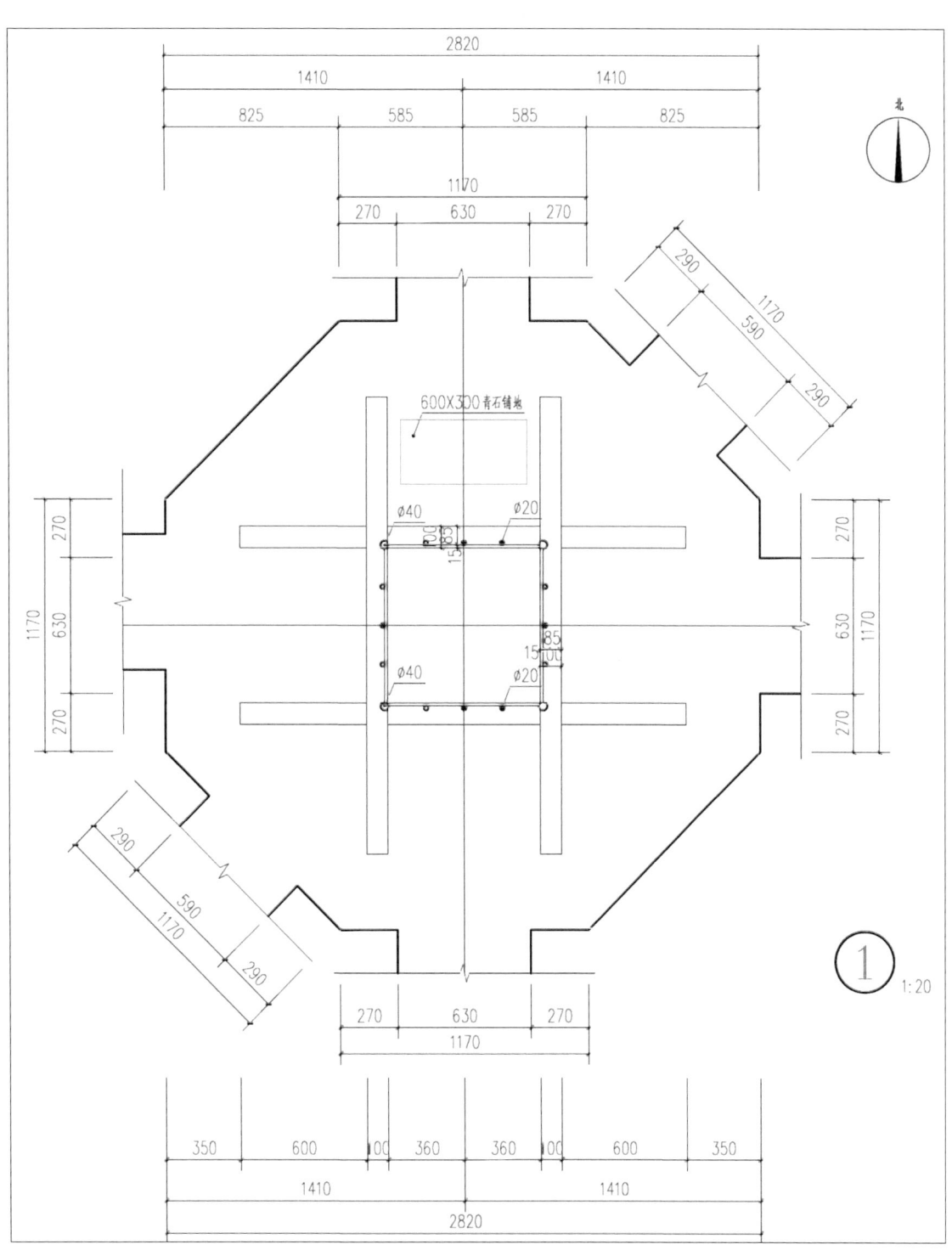

四层内部平面图

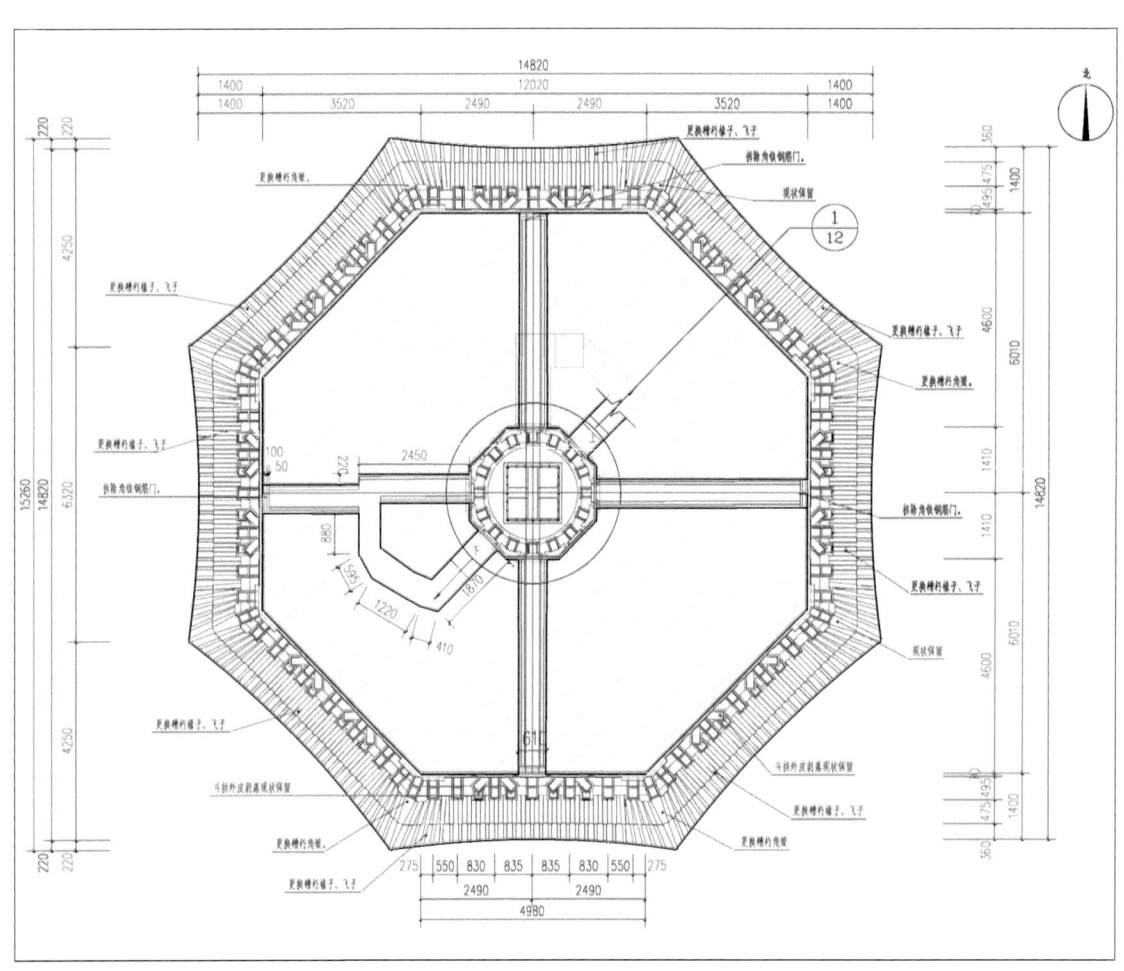

四层仰视图

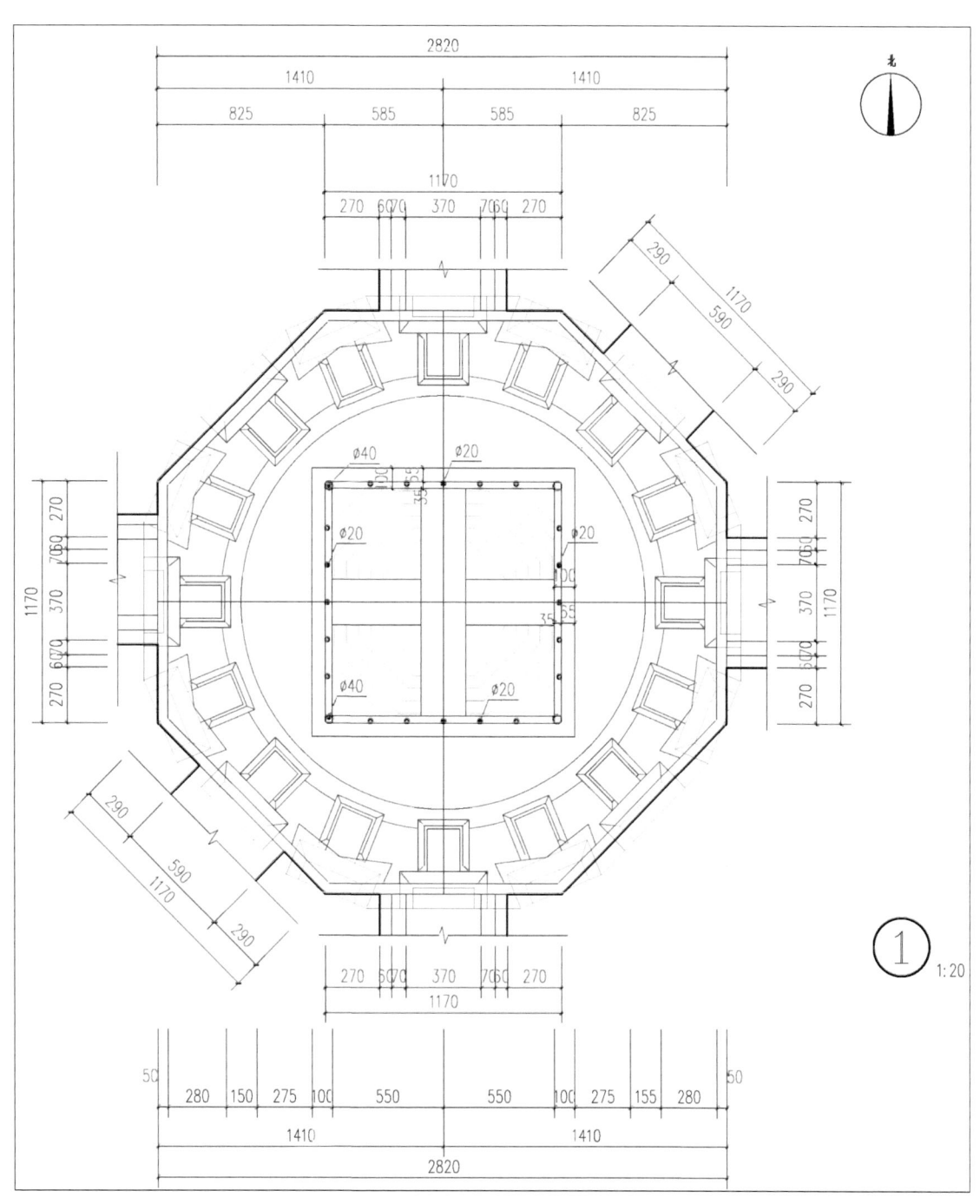

四层内部仰视图

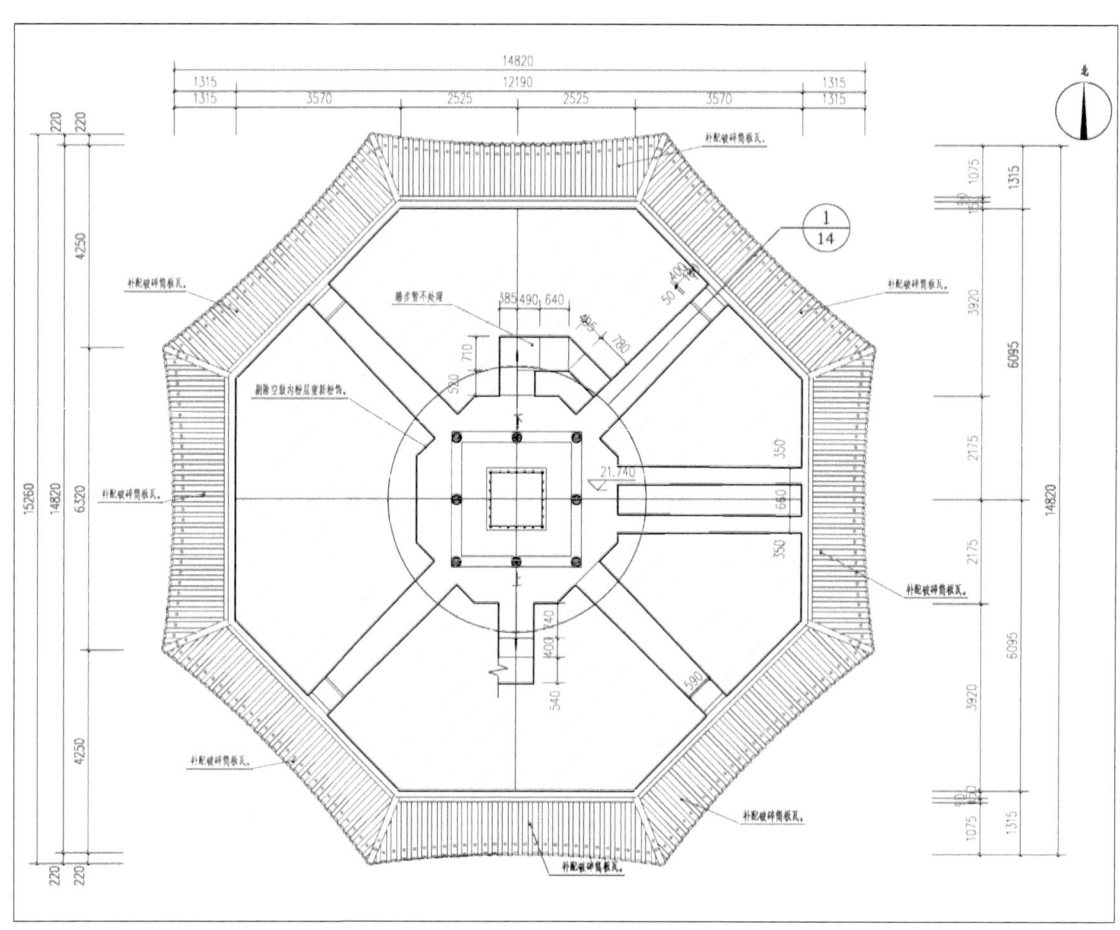

五层平面图

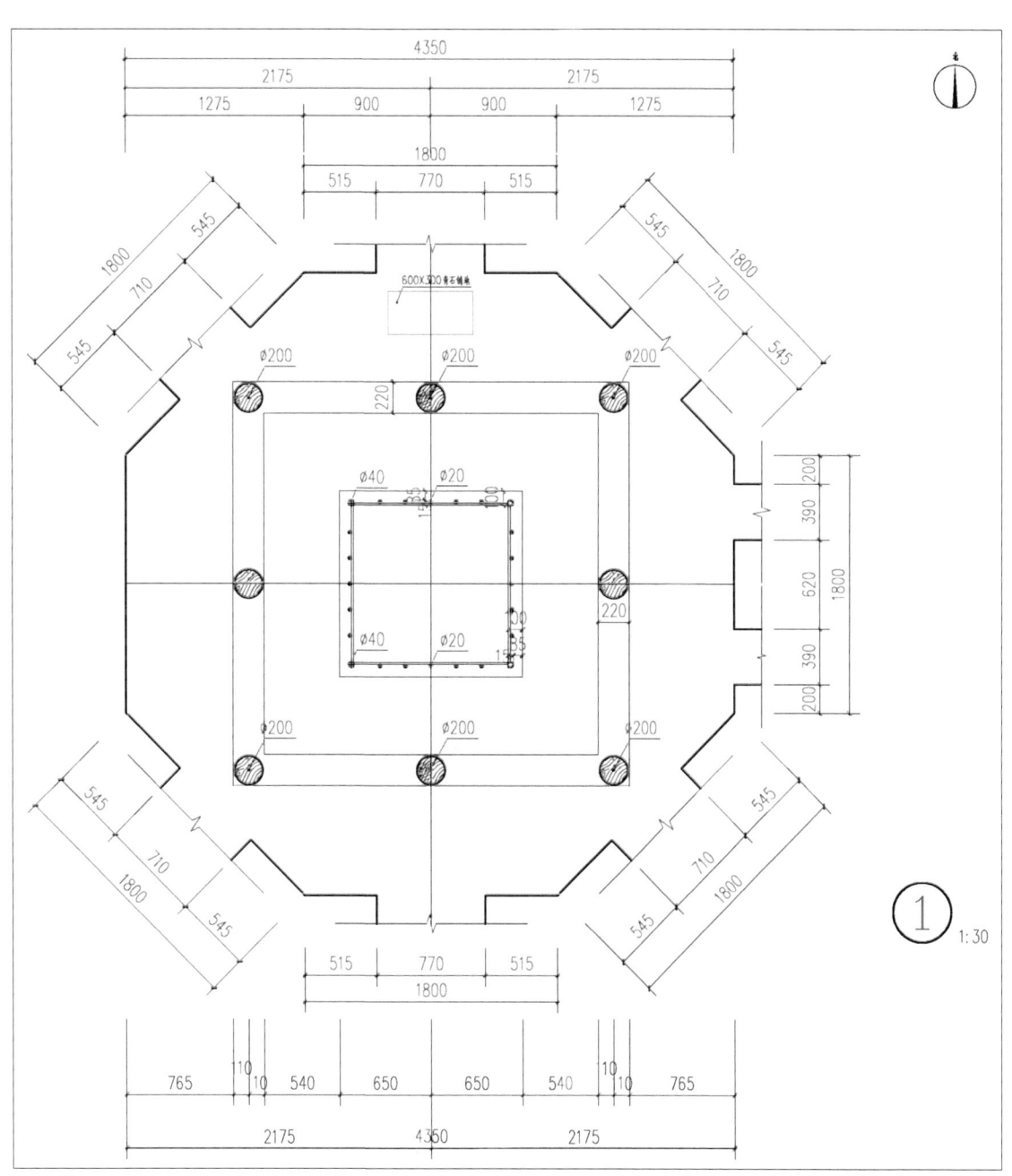

五层内部平面图

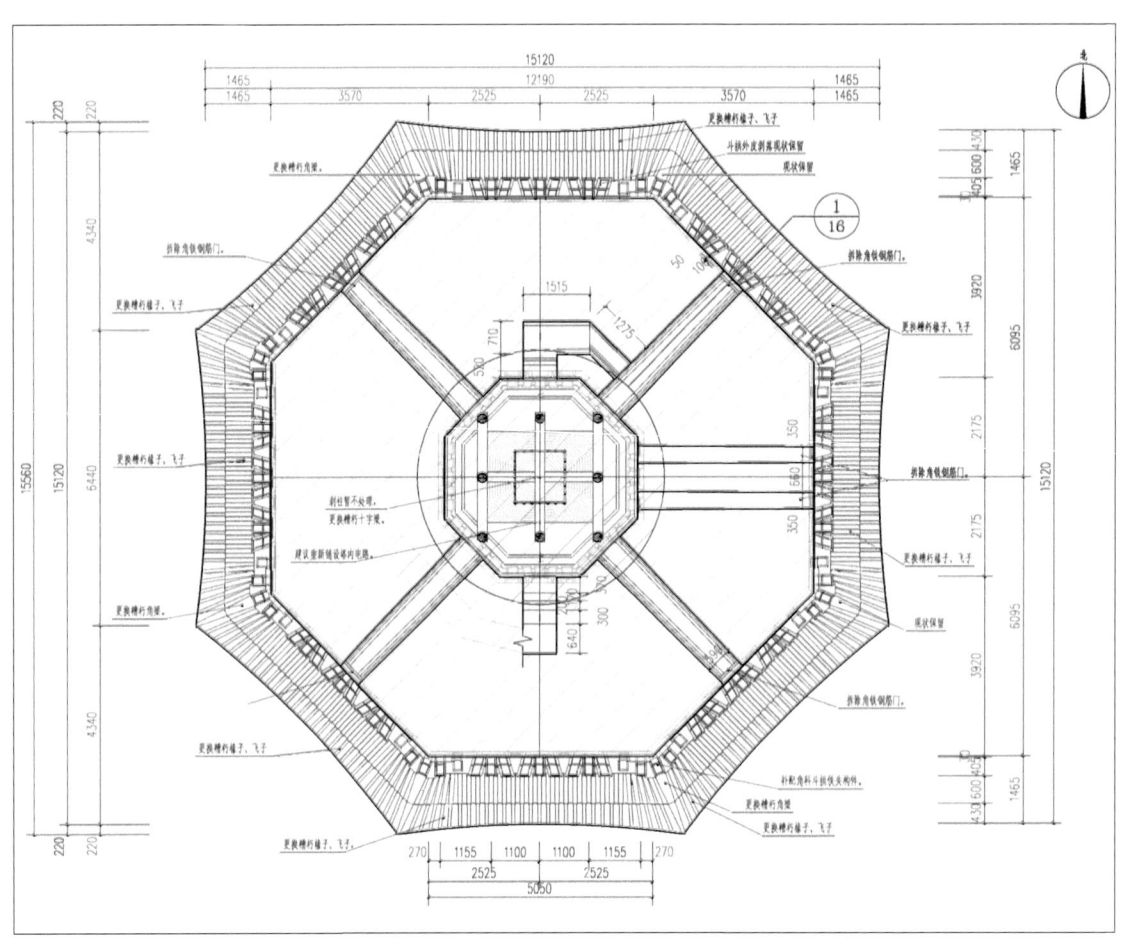

五层仰视图

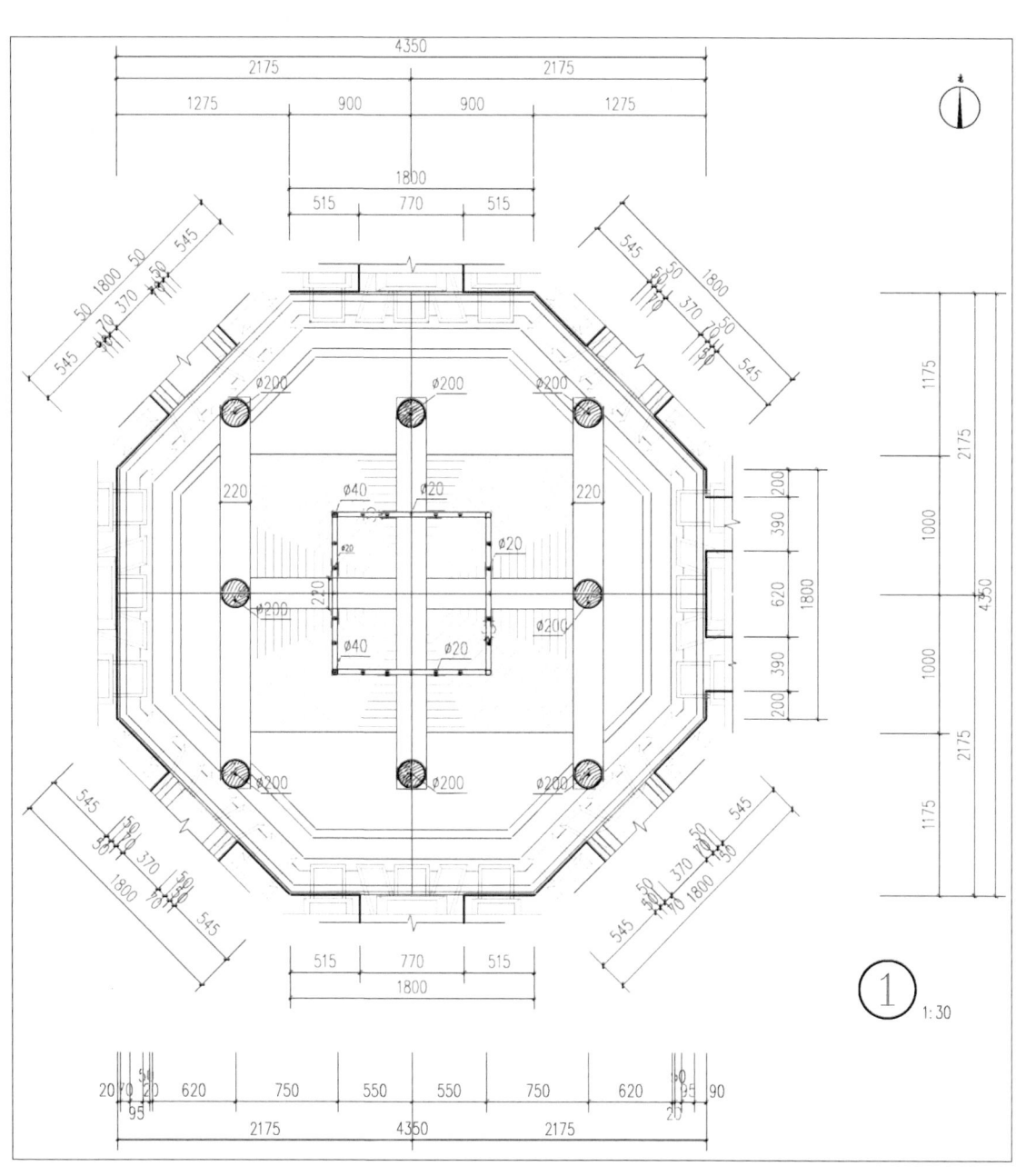

五层内部仰视图

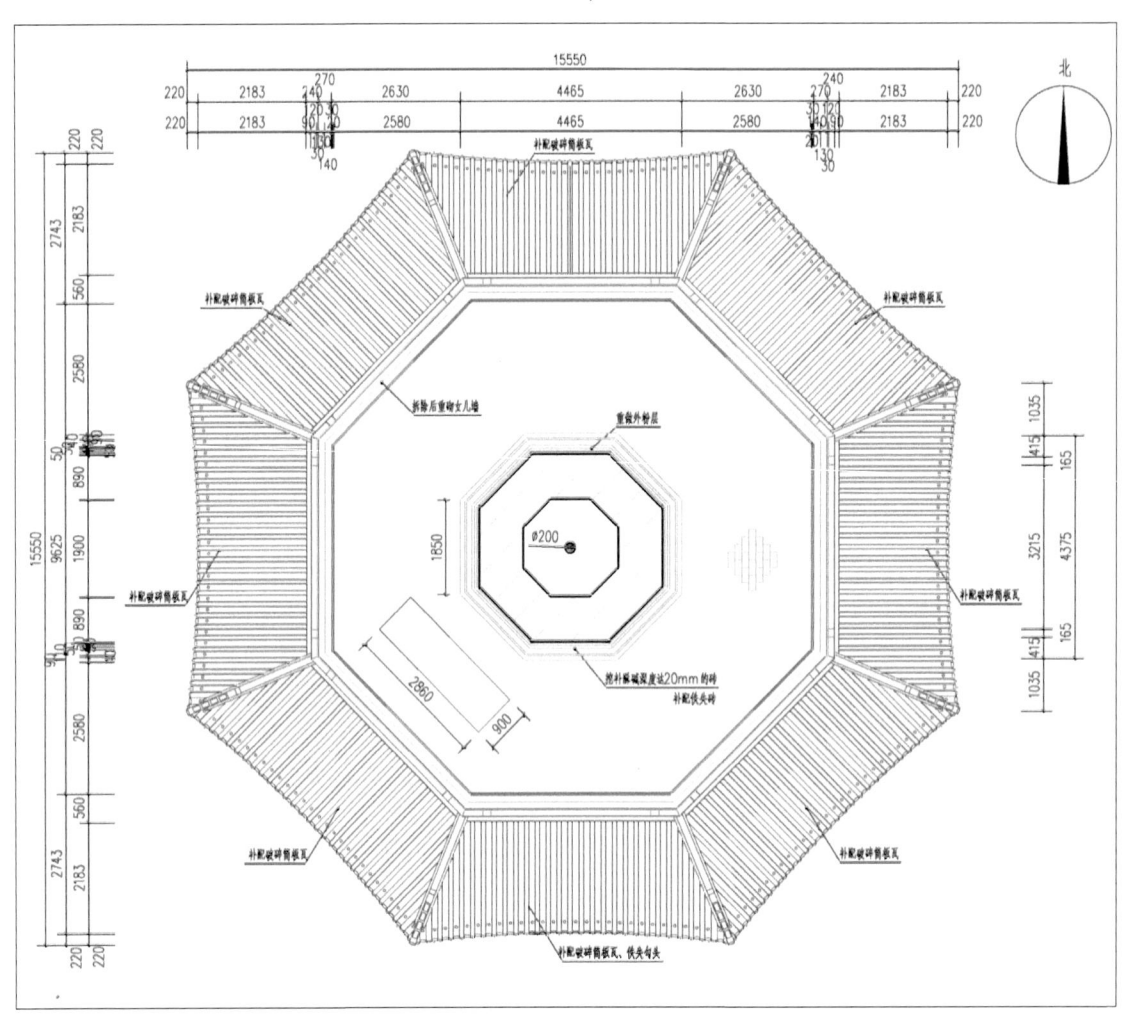

屋顶平面图

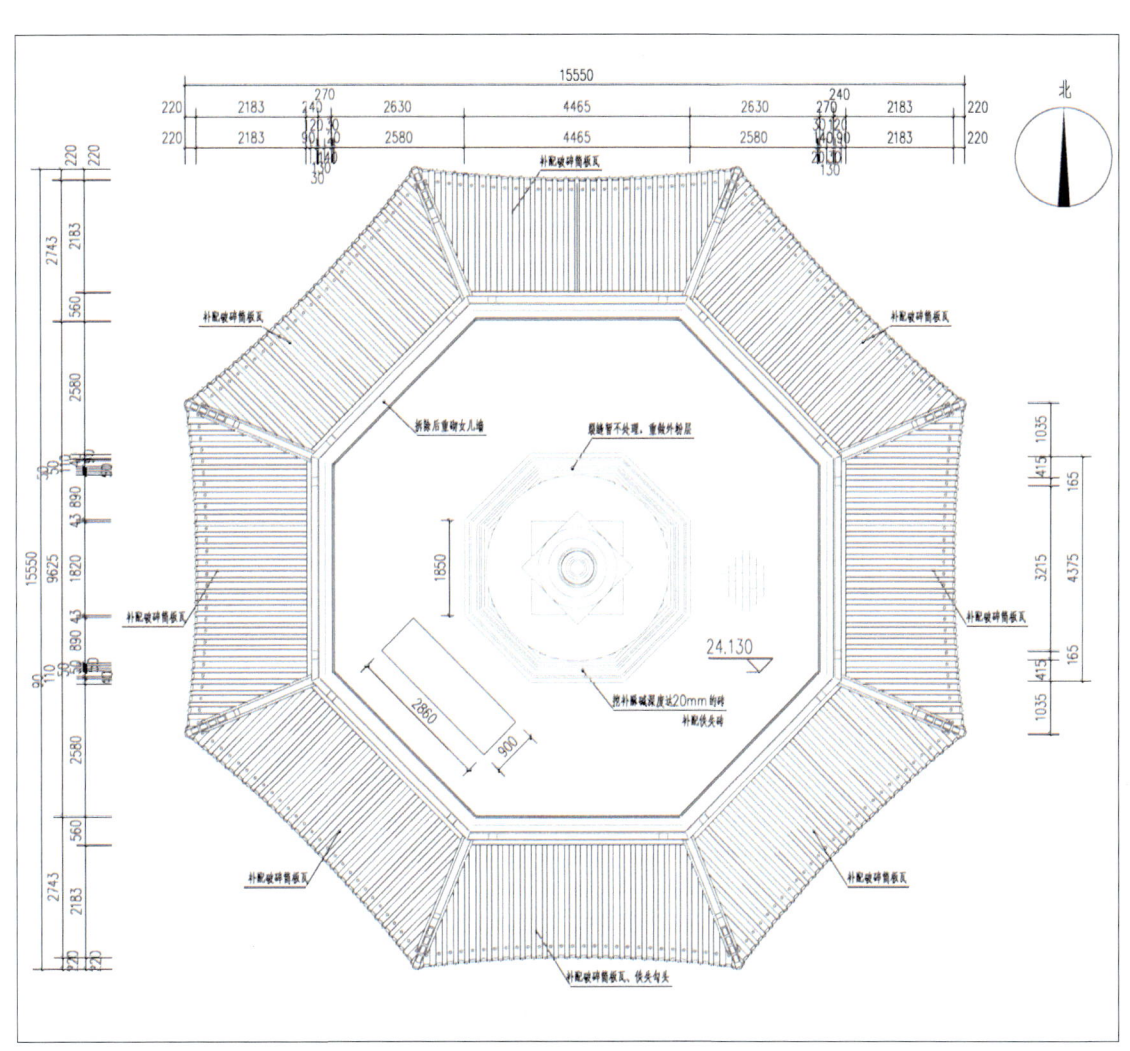

屋顶仰视图

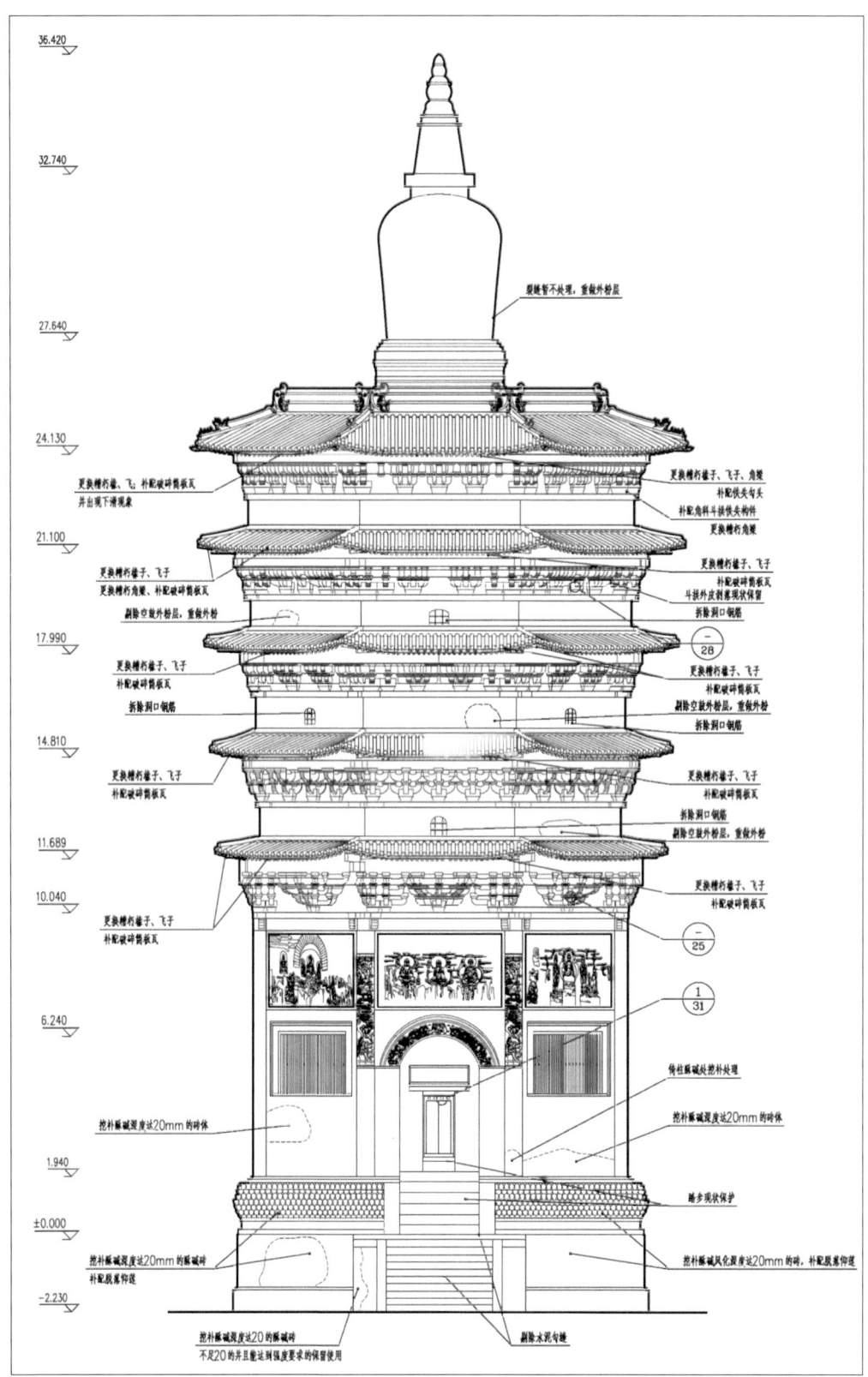

南立面图

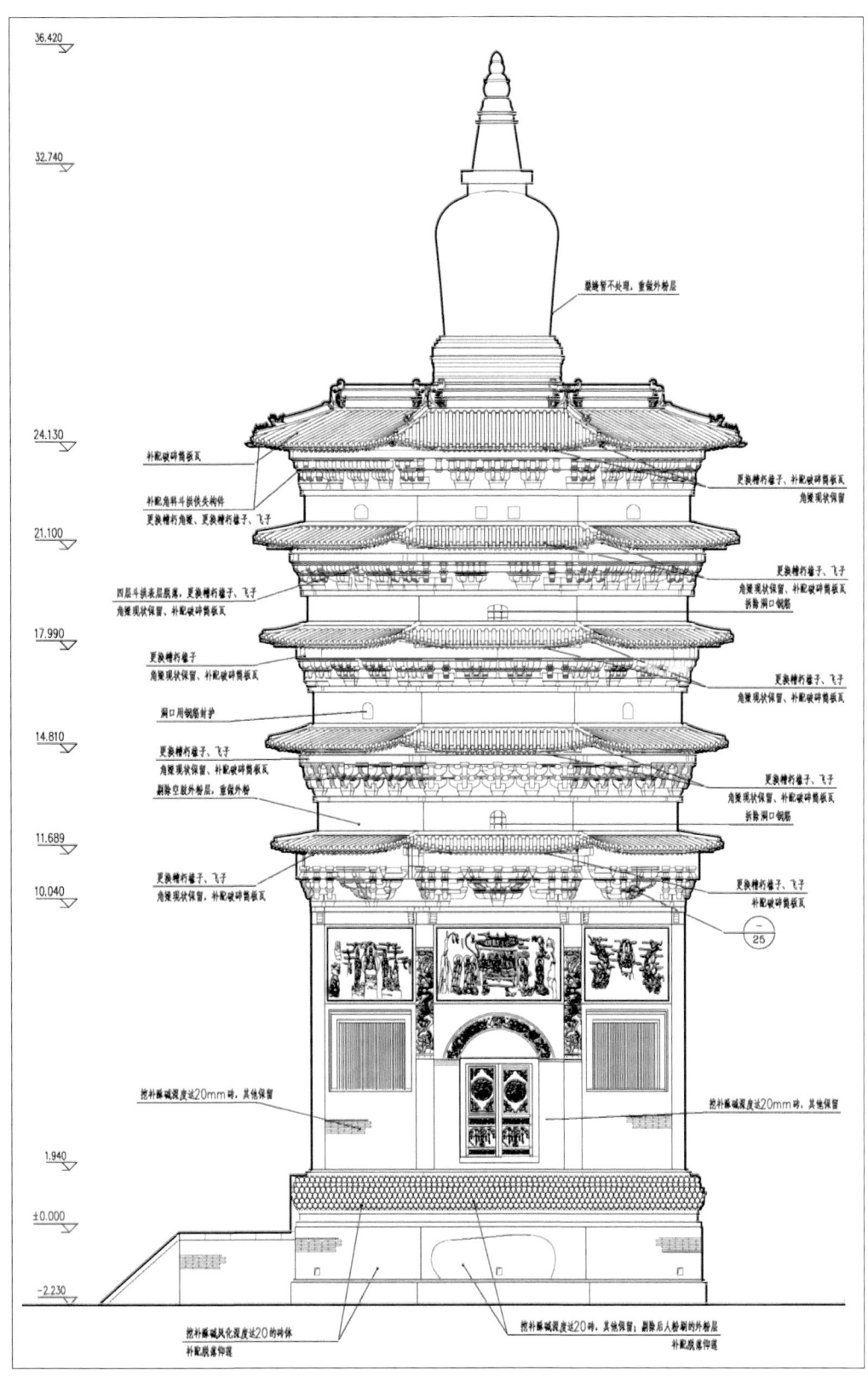

东立面图

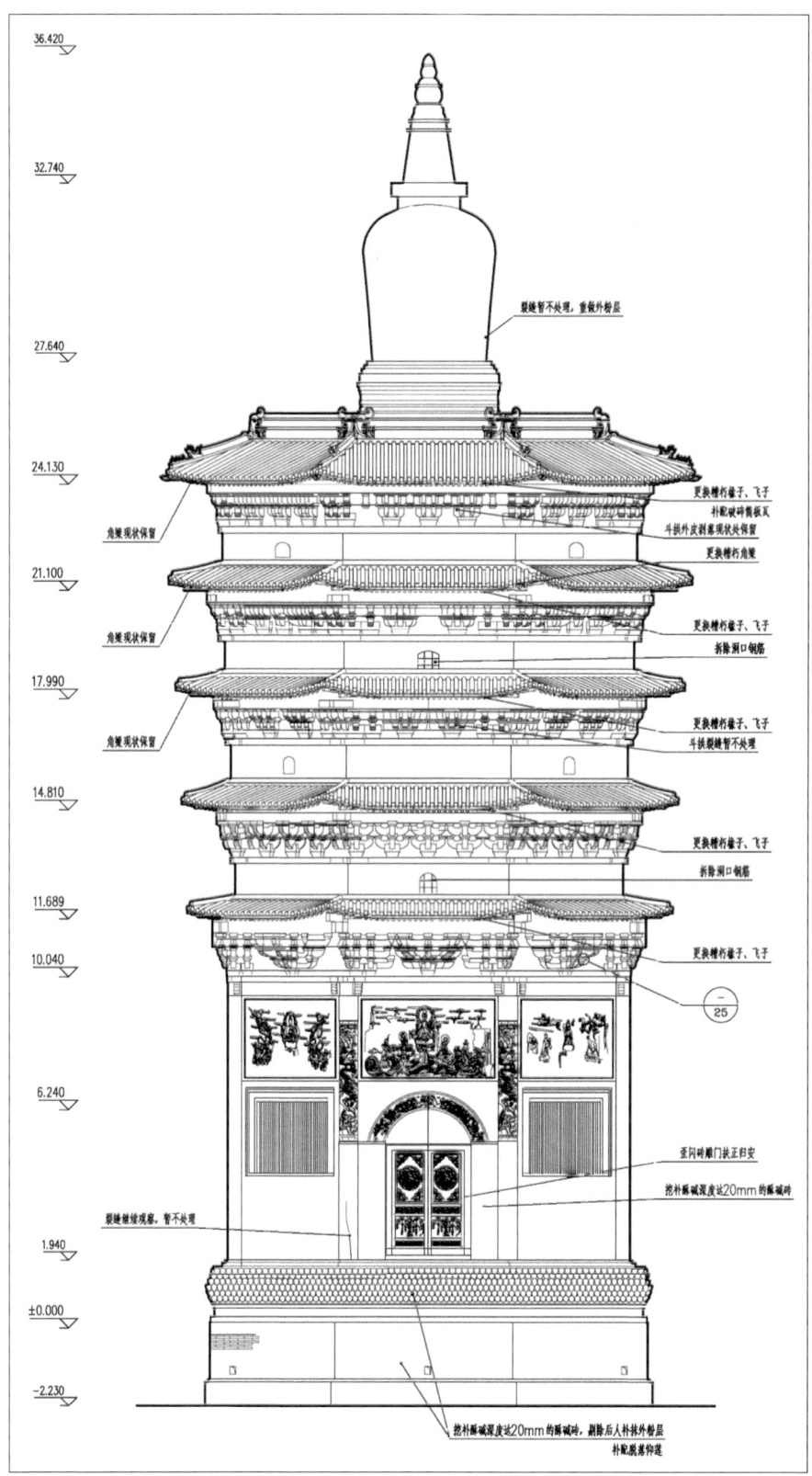

北立面图

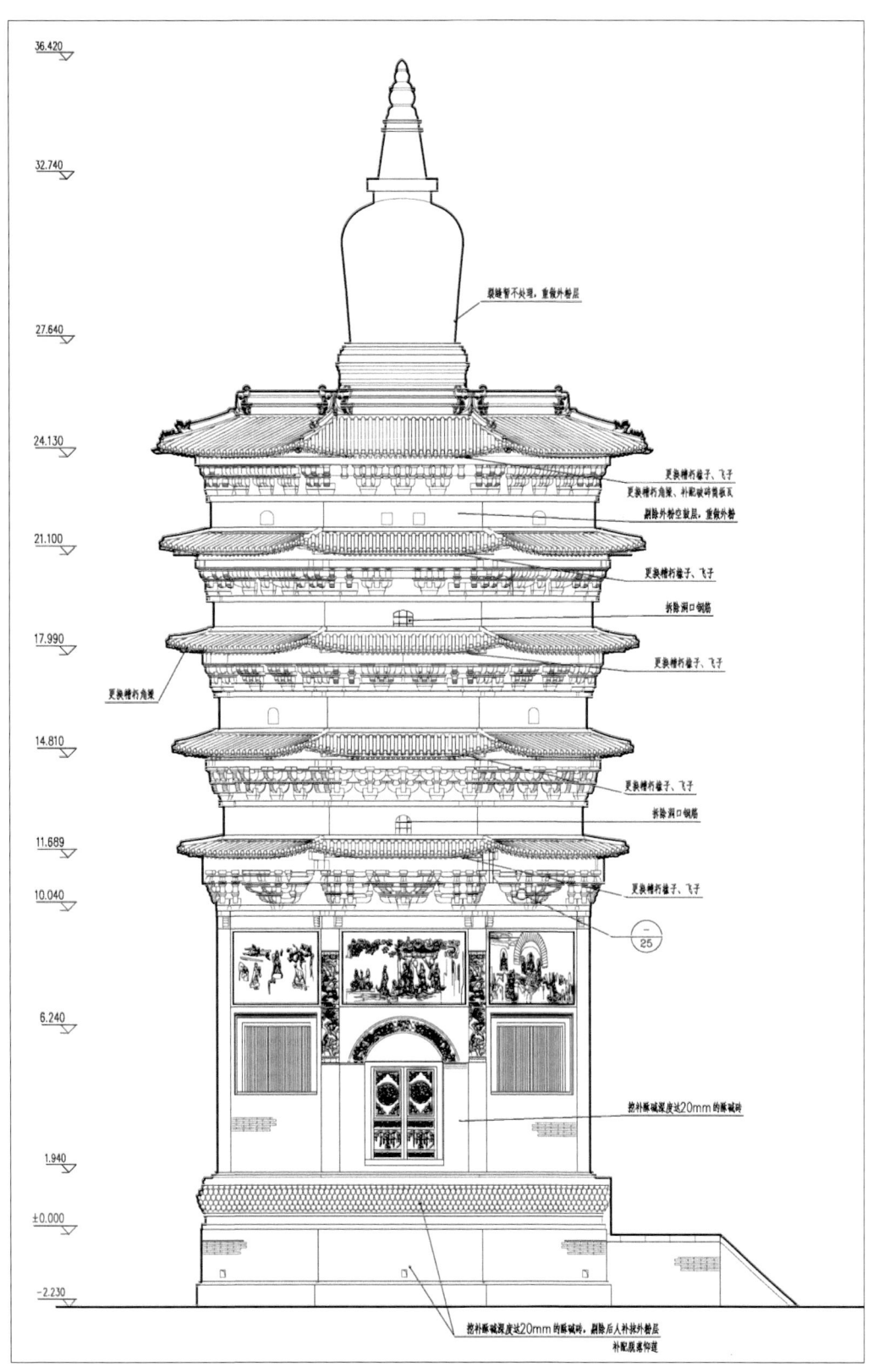

西立面图

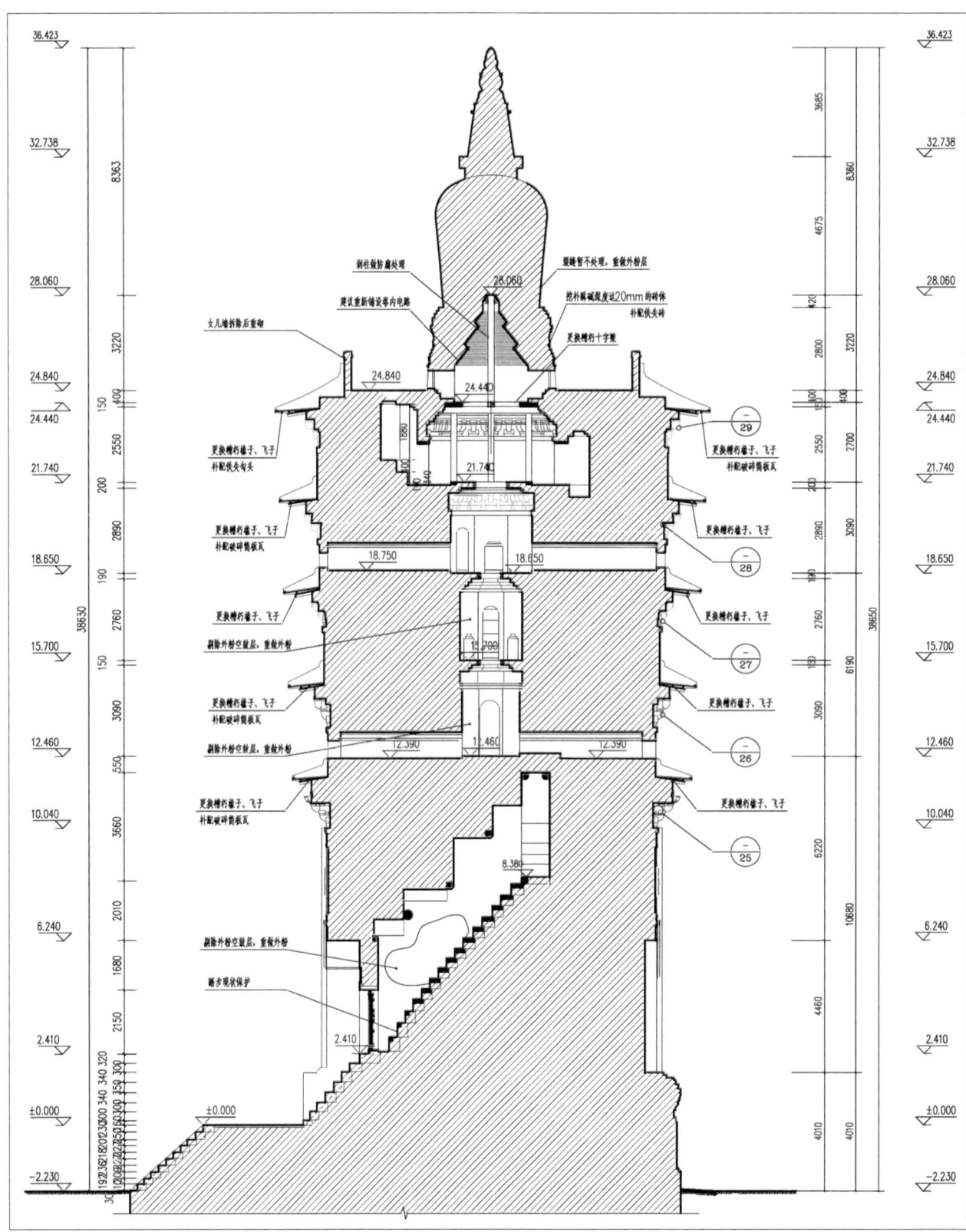

1-1 剖面图

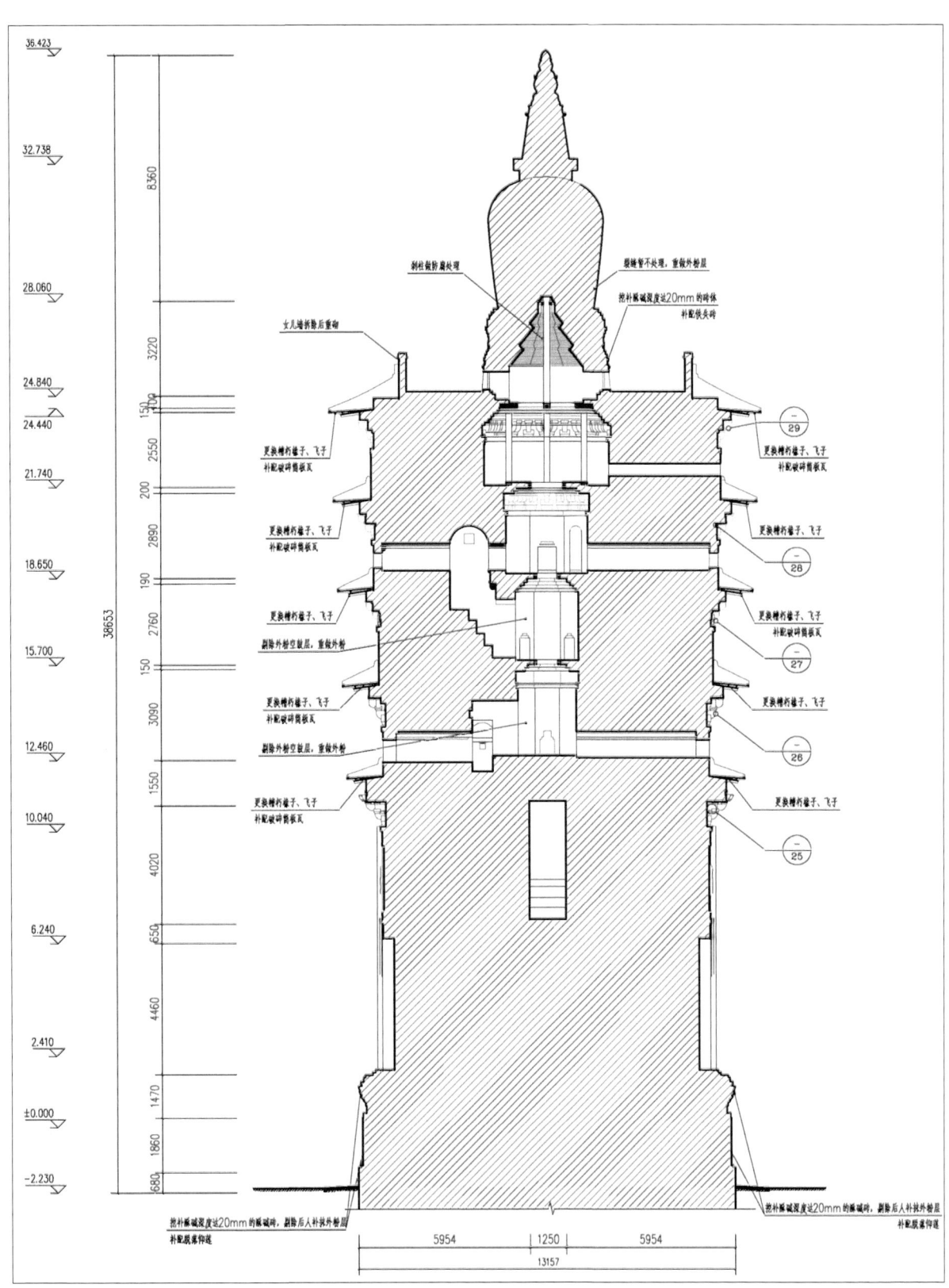

2-2 剖面图

一层转角铺作大样图

一层补间铺作大样图

斗拱表：斗口160							单位 mm
名称	斗上宽下	宽上	深下	深上	耳	腰	底	备注
坐斗	420	300	160	110	130	60	170	
三才升	240	160	240	160	50	50	60	
槽升子	240	160	55	15	50	50	60	
十八斗			55	15	50	50	60	
瓜拱	正向1500X200X160							
万拱	正向1930X200X160							外拽1930X200X160
								外拽2300X200X160
翘	一翘360X200X160							二翘680X200X160

一层斗拱大样

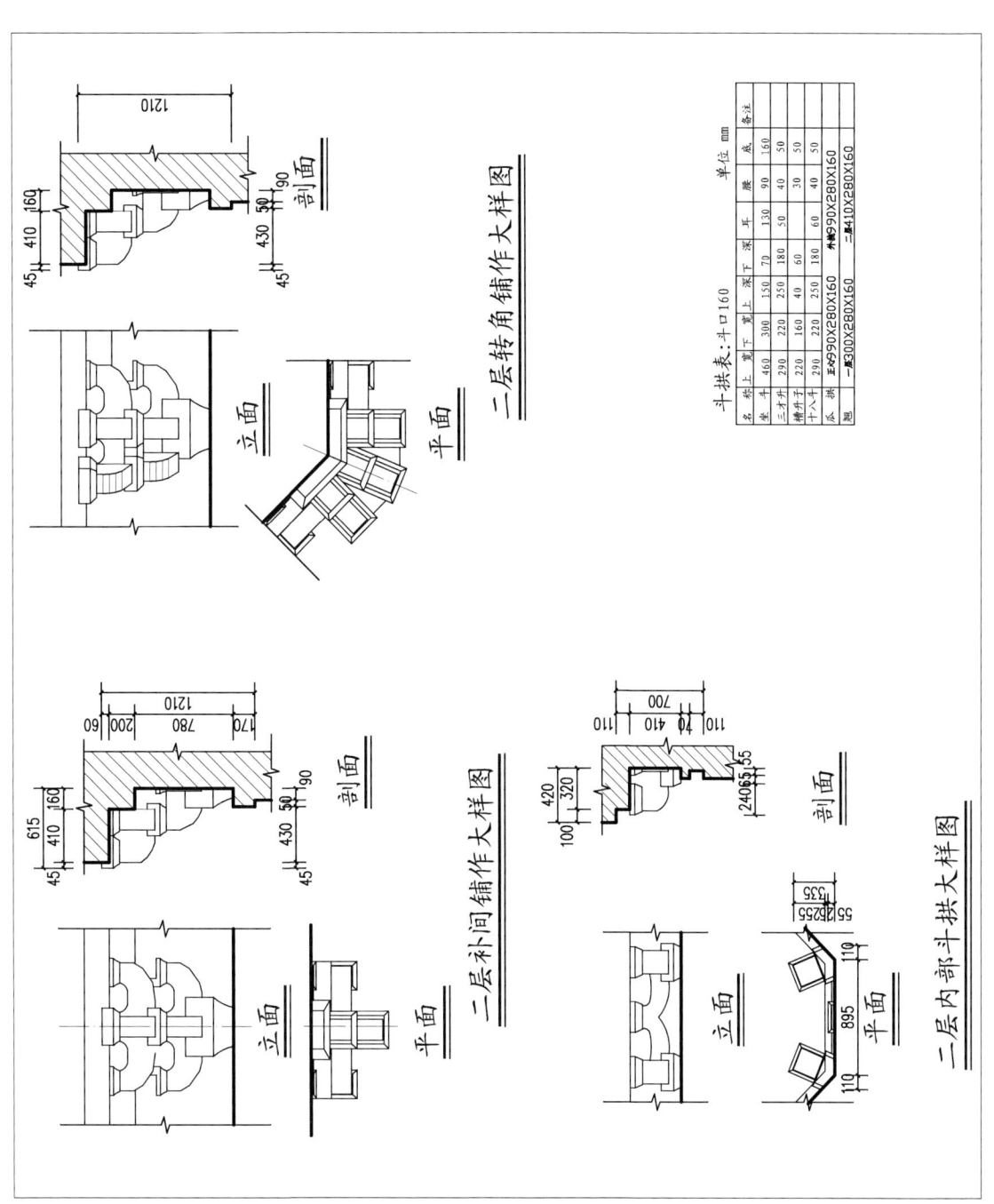

二层斗拱大样

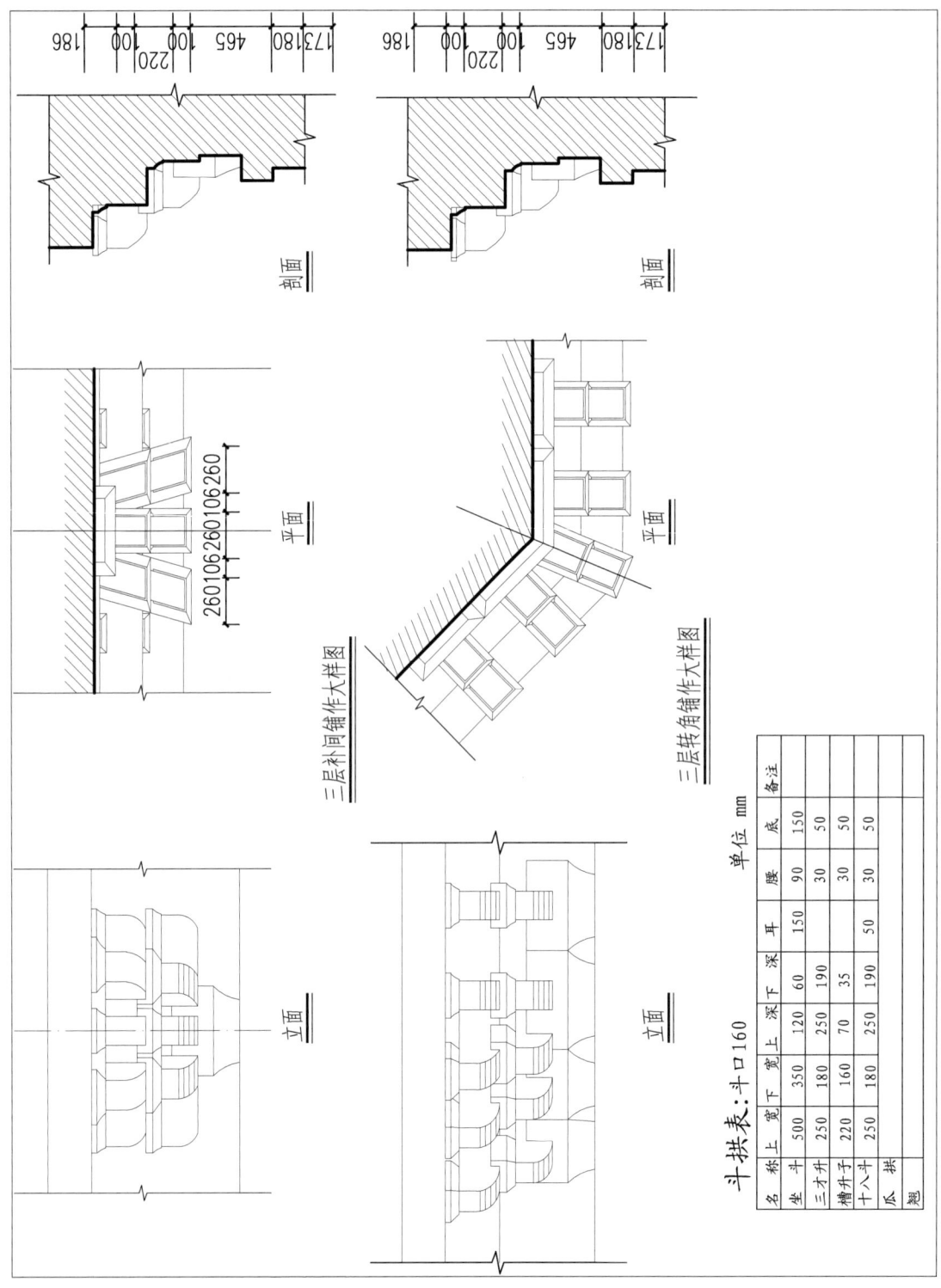

三层斗拱大样

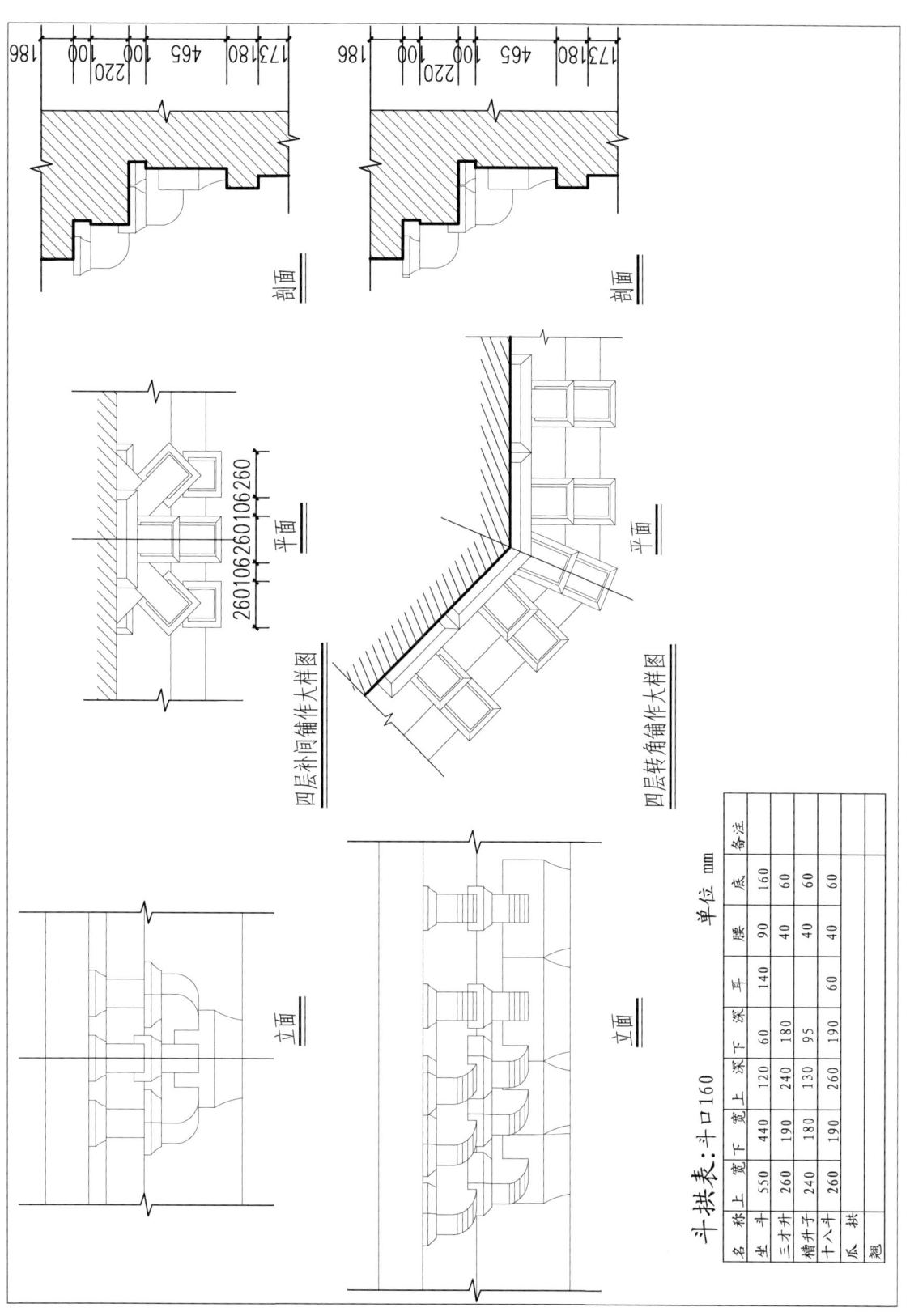

四层斗拱大样

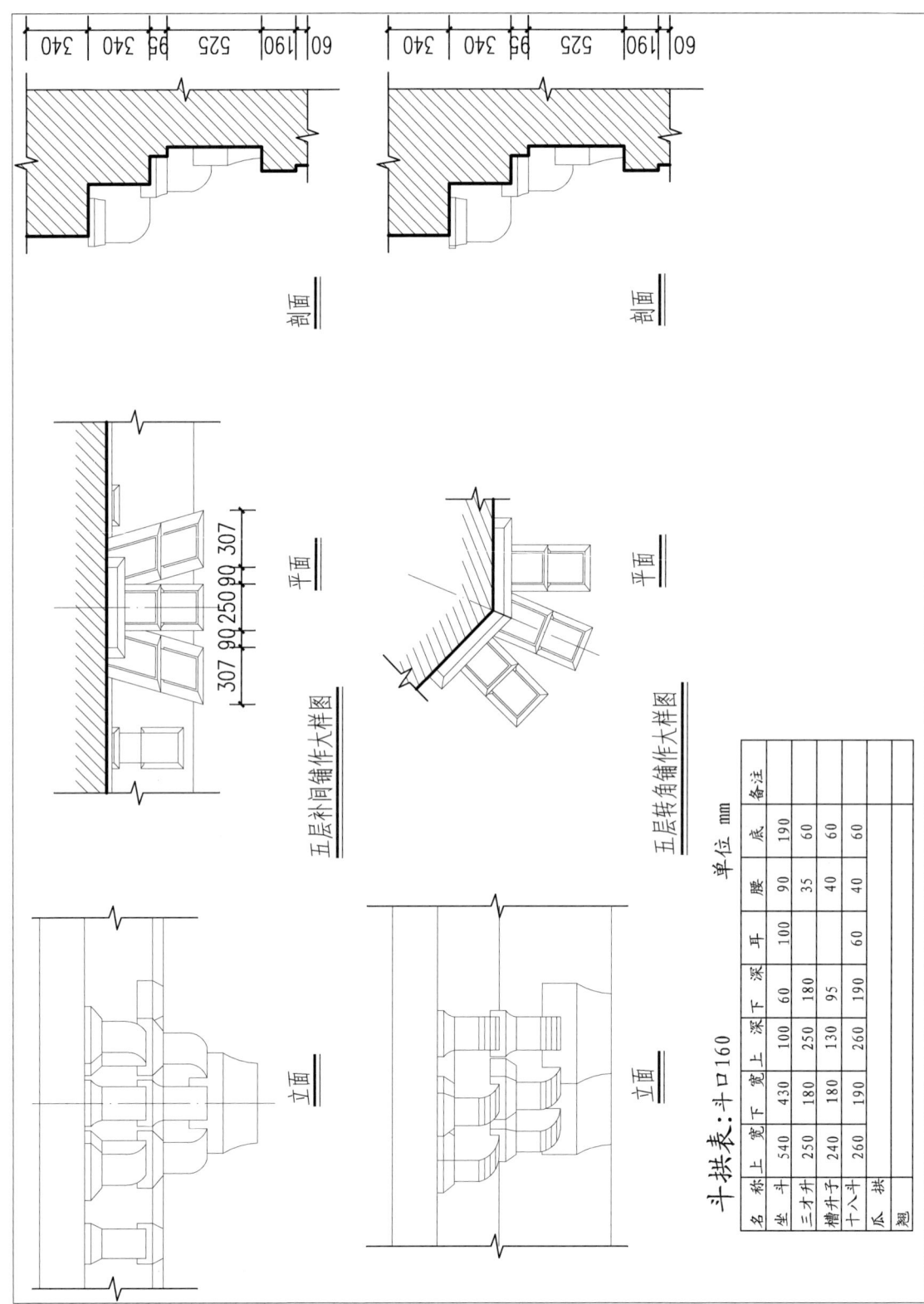

五层斗拱大样

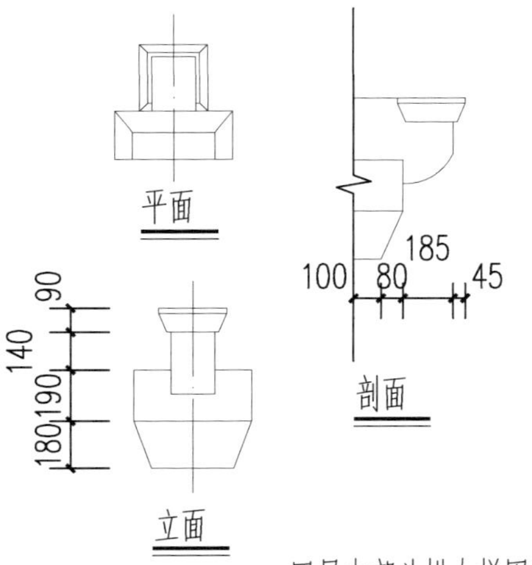

四、五层内部斗拱大样

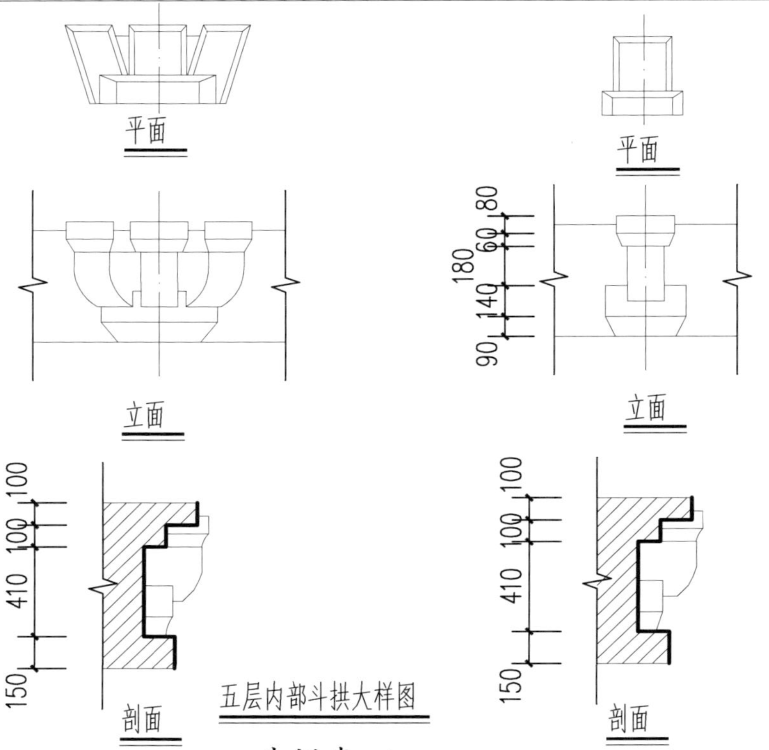

五层内部斗拱大样图

斗拱表：斗口165　　　　　　　　　　　　　　　　　　　　单位 mm

名称	上宽	下宽	上深	下深	耳	腰	底	备注
大斗	520	370	130	100	70	70	90	
小斗	260	210	50	80	80	60		
大斗	360	270	110	50	50	80		
小斗	260	210	50		80	60	90	
瓜拱								
翘								

四层内部斗拱大样图

斗拱表：斗口160　　　　　　　　　　　　　　　　　　　　单位 mm

名称	上宽	下宽	上深	下深	耳	腰	底	备注
大斗	430	300	180	100	90	100	180	
小斗	250	180	250	180		20	70	

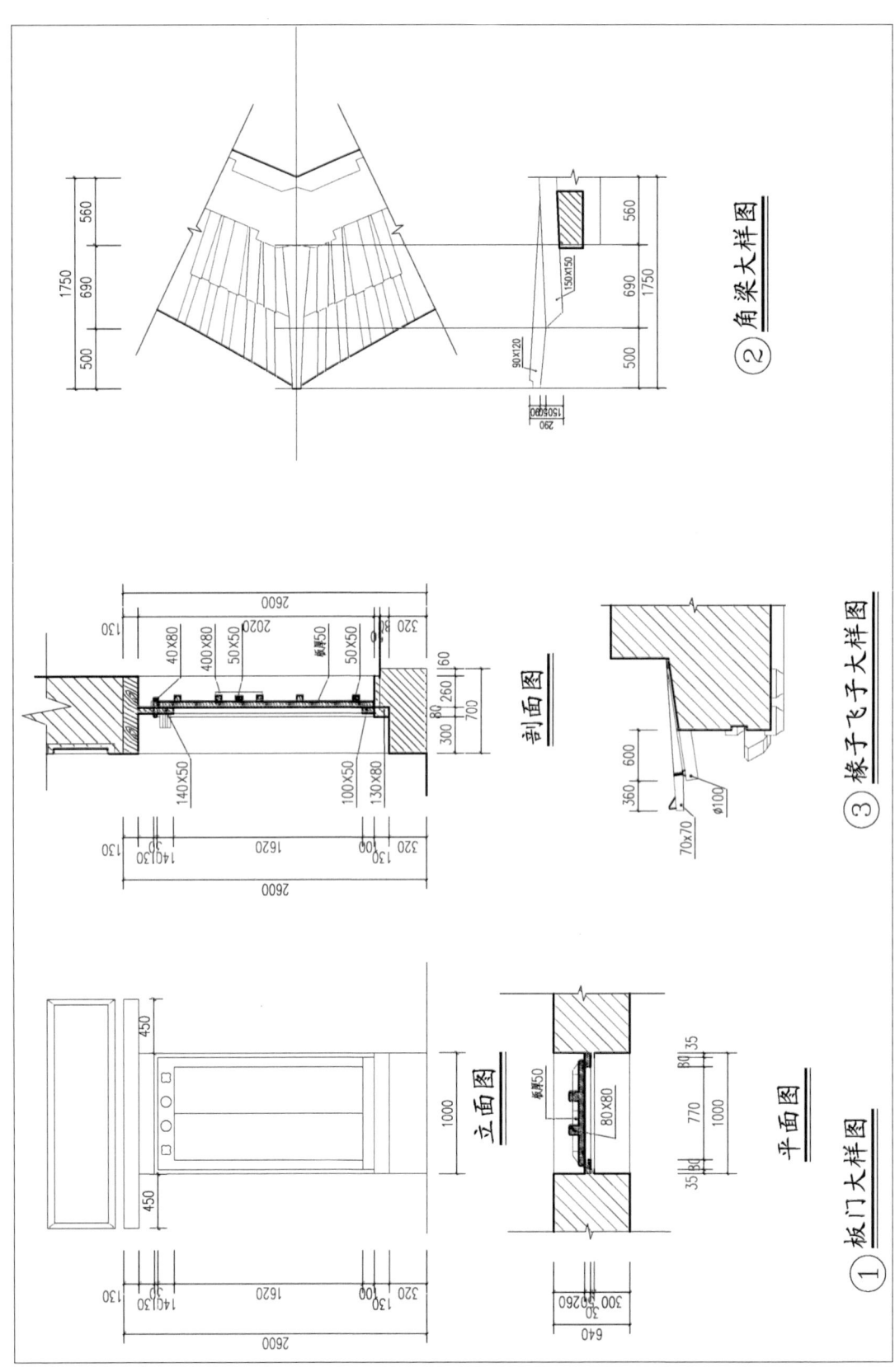

板门、角梁大样

第三章　修缮设计预算

概算编制说明：

1. 概算编制安阳市天宁寺塔（文峰塔）现状勘察报告暨修缮方案。

2. 定额采用《河南省仿古建筑工程计价综合单价》（2009），综合取费执行河南省建设部门有关规定。

3. 主材价格调整依据河南省2012年第二季度公布的材料市场价，其中古建部分材料价格依据目前实际工程采购价格。

4. 安阳市天宁寺塔（文峰塔）维修工程概算直接费为人民币壹佰柒拾柒万零玖佰零伍元叁角叁分整（1770905.33）。详见附后取费表、概算表及材差表。

5. 工程其他费用，包括勘察设计费、工程监理费、建设单位管理费、招标代理费、工程质量监督费等，以上各项费用总计约占工程直接费的15%，约265635.8（即1770905.33×15%）元。

6. 安阳市天宁寺塔（文峰塔）维修工程概算总费用为人民币贰佰零叁万陆仟伍佰肆拾壹元壹角叁分整（2036541.13），即工程直接费与工程其他费用。

古建工程费用总表

工程名称：安阳市天宁寺塔（文峰塔）修缮工程

序号	费用名称	取费基础	费率	金额（元）
1	定额直接费：1）定额人工费	分部分项人工费		544458.31
2	2）定额材料费	分部分项材料费+分部分项主材费+分部分项设备费		298113
3	3）定额机械费	分部分项机械费		60900.31
4	定额直接费小计	定额直接费：1）定额人工费+2）定额材料费+3）定额机械费		903471.62
5	综合工日	综合工日合计+技术措施项目综合工日合计		12788.06
6	措施费：1）技术措施费	技术措施项目人工费+技术措施项目材料费+技术措施项目机械费		
7	2）安全文明措施费	现场安全文明施工措施费		64092.11
7.1	2.1）基本费	安全文明基本费		42295.02
7.2	2.2）考评费	安全文明考评费		12847.29
7.3	2.3）奖励费	安全文明奖励费		8949.8
8	3）二次搬运费	材料二次搬运费		
9	4）夜间施工措施费	夜间施工增加费		
10	5）冬雨季施工措施费	冬雨季施工增加费		
11	6）其他			
12	措施费小计	措施费：1）技术措施费+2）安全文明措施费+3）二次搬运费+4）夜间施工措施费+5）冬雨季施工措施费+6）其他		64092.11
13	调整：1）人工费差价	人工价差		286538.25
14	2）材料费差价	材料价差		223781.8
15	3）机械费差价	机械价差		6437.58
16	4）其他			
17	调整小计	调整：1）人工费差价+2）材料费差价+3）机械费差价+4）其他		516757.63
18	直接费小计	定额直接费小计+措施费小计+调整小计		1484321.36
19	间接费：1）企业管理费	分部分项管理费+技术措施项目管理费		57460.68
20	2）规费：	①工程排污费+②工程定额测定费+③社会保障费+④住房公积金+⑤意外伤害保险		125067.23
21	①工程排污费			

续表

序号	费用名称	取费基础	费率	金额（元）
22	②工程定额测定费	综合工日	0	
23	③社会保障费	综合工日	748	95654.69
24	④住房公积金	综合工日	170	21739.7
25	⑤意外伤害保险	综合工日	60	7672.84
26	间接费小计	间接费：1）企业管理费+①工程排污费+②工程定额测定费+③社会保障费+④住房公积金+⑤意外伤害保险		182527.91
27	工程成本	直接费小计+间接费小计		1666849.27
28	利润	分部分项利润+技术措施项目利润		44550.68
29	1）总承包服务费	总承包服务费		
30	2）优质优价奖励费	优质优价奖励费		
31	3）检测费	检测费		
32	4）其他	其他项目其他费		
33	其他费用小计	1）总承包服务费+2）优质优价奖励费+3）检测费+4）其他		
34	税前造价合计	工程成本+利润+其他费用小计		1711399.95
35	税金	税前造价合计	3.477	59505.38
36	甲供材料费	市场价甲供材料费		
37	工程造价总计	税前造价合计+税金甲供材料费		1770905.33

工程概算表

工程名称：安阳市天宁寺塔（文峰塔）修缮工程

序号	编号	名称	单位	工程量	单价	合价	分类 人工合价	材料合价	机械合价	管理费合价	利润合价	综合工日 含量	合计
1	10-100(拆)	水泥砂浆勾缝拆除	m²	17.43	1.78	31.03	31.03						
2	10-9(拆)	拆除砖墙内墙面纸筋灰浆面石灰砂浆底	m²	456.34	3.4	1551.56	1177.36	9.13		319.44	45.63	0.06	27.38
3	10-26(拆)	拆除砖外墙面石灰砂浆底纸筋灰浆面	m²	268.71	3.61	970.04	773.88	8.06		134.36	53.74	0.06	16.66
4	2-9(拆)	拆除砖砌外墙1砖	m³	12.58	61.03	767.76	708.63	12.58		27.68	18.87	1.31	16.48
5	6-44-2(拆)	拆除角铁钢筋	100m²	0.032	219.82	7.01	7.01						
6	8-105(拆)	拆除屋面瓦七样	m²	453.65	31.32	14208.3	10533.8	589.75		1678.51	1406.32	0.54	244.97
7	8-2(拆)	拆除苫背泥背	m²	453.65	2.54	1152.27	1016.18			90.73	45.37	0.05	23.59
8	4-509(拆)	拆除望板	10m²	55.614	14.73	819.19	669.59			100.11	49.5	0.28	15.57
9	4-344(拆)	拆除圆直椽	10m	142.352	27.25	3879.09	3366.62	85.41		284.7	142.35	0.55	78.29
10	4-381(拆)	拆除飞椽	10根	120.8	24.76	2991.01	2701.09			217.44	72.48	0.52	62.82
11	4-291(拆)	拆除老角梁	m³	1.12	431.12	482.85	482.85						
12	4-305(拆)	拆除仔角梁	根	30	44.89	1346.7	1346.7						
13	9-60	砖墁地面及散水细墁散水尺二方砖	m²	50.55	219.13	11077	6897.04	2144.33	112.73	1121.7	801.22	3.17	160.24
14	9-55	砖墁地面及散水细墁地面栽砖牙子大城样砖（顺栽）	10m	5.155	38.35	197.69	142.07	16.03		23.09	16.5	0.64	3.3
15	补子目1	城砖剔补	块	8678	45.49	394762	328375	31674.7		19091.6	15620.4	0.88	7636.64
16	2-195	仰莲补配	m	35.24	169.75	5981.99	4303.51	827.79		450.37	400.33	2.84	100.08
17	10-47	麻刀灰浆须弥座、冰盘檐抹青麻刀灰	m²	3.38	33.39	112.86	64.96	22.38	1.18	15.21	9.13	0.45	1.52
18	2-219	琉璃砌筑斗拱及其他琉璃斗拱三踩角科高度(300毫米以上)	攒	1	520.33	520.33	26.75	488.31		2.79	2.48	0.62	0.62

续表

序号	编号	名称	单位	工程量	单价	合价	分类					综合工日	
							人工合价	材料合价	机械合价	管理费合价	利润合价	含量	合计
19	2-133	大城样砖、停泥砖、开条砖、蓝四丁砖、机砖等砌筑墙帽，蓝四丁砖蓑衣顶三层	10m	3.401	188.58	641.36	350.98	221		36.73	32.65	2.4	8.16
20	2-9	砖基础、砖墙砖砌外墙1砖	m³	12.58	284.28	3576.24	995.33	2353.21	17.11	116.99	93.6	1.86	23.4
21	10-9	混合砂浆、石灰砂浆砖墙内墙面纸筋灰浆面石灰砂浆底	m²	456.34	9.94	4536.02	2706.1	693.64	114.09	638.88	383.33	0.14	63.89
22	10-26	混合砂浆、石灰砂浆砖外墙面石灰砂浆底纸筋灰浆面	m²	268.71	11.11	2985.37	1803.04	427.25	67.18	429.94	257.96	0.16	42.99
23	10-104	墙面勾缝及刷乳胶漆抹灰面乳胶漆刮腻子二遍	m²	456.34	13.05	5955.24	1706.71	3591.4		410.71	246.42	0.09	41.07
24	4-344*1.1	木基层圆直椽制安（径10厘米以内）重檐、三层檐及多层檐建筑，单价乘以系数1.1	10m	85.412	223.67	19104.1	4161.27	13578		726	638.88	1.13	96.77
25	4-354*1.1	木基层圆翼角椽制安（径10厘米以内）重檐、三层檐及多层檐建筑，单价乘以系数1.1	10m	56.941	310.13	17659.1	6463.94	9075.83		1127.43	991.91	2.64	150.32
26	4-381*1.1	木基层飞椽制安（径8厘米以内）重檐、三层檐及多层檐建筑，单价乘以系数1.1	10根	56.8	163.13	9265.78	2874.65	5555.04		501.54	334.55	1.18	66.85

续表

序号	编号	名称	单位	工程量	单价	合价	分类					综合工日	
							人工合价	材料合价	机械合价	管理费合价	利润合价	含量	合计
27	4-404*1.1.*1.3	木基层翘飞椽制安（径8厘米以内）九翘重檐、三层檐及多层檐建筑，单价乘以系数1.1翼角翘飞部分的望板、连檐制安，单价乘以系数1.1	攒	28.27	1013.36	28647.7	9178.14	16801.4		1600.93	1067.19	7.55	213.45
28	4-500*1.1	木基层顺望板制安（厚厘米）2.1(1.8)重檐、三层檐及多层檐建筑，单价乘以系数1.1	10m²	45.365	563.5	25563.2	2210.18	22628.1		385.6	339.33	1.13	51.4
29	8-8	苫背望板勾缝	m²	453.65	2.03	920.91	567.06	154.24	4.54	104.34	90.73	0.03	13.61
30	4-212*1.1	木构件制作、安装梁类双步梁（宽25厘米以下）重檐、三层檐及多层檐建筑，单价乘以系数1.1	m³	2.37	2726.88	6462.71	1425.93	4605.67		248.71	182.4	13.99	33.16
31	4-291*1.1	木构件制作、安装桁檩、角梁、由戗老角梁（宽20以上厘米）重檐、三层檐及多层檐建筑，单价乘以系数1.1	m³	1.35	2939.84	3968.78	1067.01	2579.18		186.11	136.49	18.38	24.81
32	4-305*1.1	木构件制作、安装桁檩、角梁、由戗窝角仔角梁（宽21厘米以下）重檐、三层檐及多层檐建筑，单价乘以系数1.1	根	16	282.07	4513.12	1316.8	2798.08		229.76	168.48	1.91	30.62

续表

序号	编号	名称	单位	工程量	单价	合价	分类 人工合价	材料合价	机械合价	管理费合价	利润合价	综合工日 含量	合计
33	4-472*1.1	木基层大连檐制安（10厘米以内）重檐、三层檐及多层檐建筑，单价乘以系数1.1	10m	26.188	173.34	4539.43	1114.82	3059.02		194.58	171.01	0.99	25.93
34	4-479*1.1	木基层小连檐制安（高2.5厘米以内）重檐、三层檐及多层檐建筑，单价乘以系数1.1	10m	26.188	52.39	1371.99	359.3	894.84		62.85	54.99	0.32	8.35
35	4-493*1.1	木基层闸档板制安（椽径8厘米以内）重檐、三层檐及多层檐建筑，单价乘以系数1.1	10m	26.188	47.4	1241.31	681.41	361.66		118.89	79.35	0.61	15.84
36	8-1	苫背护板灰	m²	453.65	6.22	2821.7	739.45	1619.53	208.68	136.1	117.95	0.04	18.15
37	8-2	苫背泥背厚50毫米以内	m²	907.3	7.93	7194.89	3710.86	1769.24	435.5	680.48	598.82	0.1	90.73
38	8-4	苫背青灰背厚30毫米以内	m²	453.65	44.42	20151.1	11686	4091.92	535.31	2041.43	1796.45	0.6	272.19
39	8-105	瓦面屋面瓦七样	m²	453.65	224.55	101867	17792.2	76562.5	1687.58	3098.43	2726.44	0.91	412.82
40	8-111	瓦面琉璃檐头附件七样	m	261.88	84.28	22071.3	3852.25	16571.8	392.82	667.79	586.61	0.34	89.04
41	8-155	垂脊庑殿、攒尖垂脊兽后七样	m	80.5	238.13	19169.5	3059.81	14815.2	295.44	531.3	467.71	0.88	70.84
42	8-232	戗脊、角脊、围脊、博脊戗（岔）脊、角脊兽前七样	m	193.71	202.62	39249.5	14168	19969.6	468.78	2469.8	2173.43	1.7	329.31
43	补子目2	扶正石刻大门	块	2	20740	41480	6880		26000	5000	3600	80	160
44	14-14	苫背瓦瓦用双排齐檐脚手架钢管（檐高18m）以下	10m²	167.132	148.81	24870.9	9773.88	9397.83	2635.67	1885.25	1178.28	1.41	235.66

续表

序号	编号	名称	单位	工程量	单价	合价	分类					综合工日	
							人工合价	材料合价	机械合价	管理费合价	利润合价	含量	合计
45	14-8	砌筑用双排脚手架钢管（墙高12m）以下	10m²	138.66	189.48	26273.3	13176.9	6571.1	2433.48	2518.07	1573.79	2.27	314.76
46	11-56	椽子、望板三道灰（径、宽7~10厘米）	10m²	68.117	658.32	44842.8	32688	6605.31		3040.74	2508.75	11.16	760.19
47	11-61	椽子、望板满刮血料腻子刷醇酸调和漆三道单色椽望	10m²	68.117	283.59	19317.3	11774.7	5543.36		1095.32	903.91	4.02	273.83
48	11-25	连檐、瓦口、椽头四道灰（径宽7~10厘米）	10m²	7.756	991.93	7693.41	5783.03	928.63		537.96	443.8	17.34	134.49
49	11-31	连檐、瓦口、椽头刮血料腻子刷三道醇酸调和漆	10m²	7.756	189.79	1472.01	923.82	391.37		85.94	70.89	2.77	21.48
50	11-339	下架木件地仗（高厘米）一麻五灰23以下	10m²	0.779	940.44	732.6	456.23	198.92		42.44	35.02	13.62	10.61
51	11-347	下架木件醇酸调和漆柱子二道扣油一道	10m²	0.779	476.46	371.16	289.41	32.62		26.92	22.21	8.64	6.73
52	14-20	外檐椽望油漆用双排脚手架钢管（檐高18m以下）	10m²	124.431	139.11	17309.6	6153.11	7788.14	1443.4	1184.58	740.36	1.19	148.07
53	借12-255	垂直运输费建筑物檐高(40m以内)	100m²	10.025	2677.19	26839.9			24046.8	1740.41	1052.67	14	140.36
		合计				1005539	544515	298113	60900.3	57460.7	44550.7		12788.1

材差表

工程名称：安阳市天宁寺塔（文峰塔）修缮工程

序号	材料名	单位	材料量	预算价	市场价	价差	价差合计
1	板方材（锯材）	m³	58.24	1200	2500	1300	75711.82
2	板瓦七样	块	18558.822	2.56	5.6	3.04	56418.82
3	大城砖	块	8679.418	2.65	7.8	5.15	44699
4	筒瓦七样	块	7710.709	3.18	5.8	2.62	20202.06
5	木材（板方材）一等大板方材	m³	6.132	1750	2800	1050	6438.89
6	勾头七样	块	1112.99	6	9.8	3.8	4229.36
7	滴水七样	块	1112.99	6	9.8	3.8	4229.36
8	熟桐油（光油）	kg	314.705	15	30	15	4720.57
9	石灰粉	kg	25191.087	0.18	0.3	0.12	3022.93
10	血料	kg	2840.425	0.6	1.5	0.9	2556.38
11	机砖 240×115×53	百块	67.303	28	38	10	673.03
12	尺二方砖 384×384×60	块	467.588	3.5	5	1.5	701.38
13	木材（板方材）二等中小板方材	m³	0.178	1500	2500	1000	178.2
						价差合计：	223781.8

施工篇

第一章　工程概况

天宁寺塔位于河南安阳市，始建于后周，通高 38.65 米，共分五层，为砖木结构密檐式砖塔，塔身平面为八角形，拱券门，南向，塔体自下而上逐层外扩，形成上大下小呈伞状外观，该塔由塔基、塔身、塔刹三部分组成。

正立面像

结构形式：

该建筑为砖木结构，塔基座砖为青条砖，砌砖规格为350毫米×160毫米×80毫米。塔身砖规格420毫米×200毫米×60毫米，基座铺地砖规格为420毫米×200毫米×60毫米。二层铺地砖规格420毫米×200毫米×60毫米。三、四、五层铺地砖规格为600毫米×300毫米×60毫米。顶层铺地砖规格300毫米×140毫米×60毫米。一至五层椽子、飞子采用杉木，各层角梁采用榆木材质，五层立柱及十字梁和刹柱均采用红松材质。屋面采用绿色琉璃筒板瓦盖顶。

1. 工程难点与重点

1.1 难点

（1）天宁寺塔为国家重点文物，无上次维修记录资料，施工过程中可能存在很多的不确定性，塔身雕刻构件比较多，施工过程中的文物保护的责任比较大。

（2）塔本比较高，处在景点热闹区，关注度非常高，施工时文物保护，工程进度，质量、安全性都要求非常高。

1.2 重点

（1）原始资料信息采集、图片信息的收集。

（2）维修构件解体。

（3）原始构件的安放和编码登记保存。

（4）更换角梁、檐椽、飞椽。

（5）斗拱的修补与加固。

（6）塔檐的瓦面施工。

（7）塔身墙面维护保护。

（8）塔身砖雕的防磕碰保护。

2. 主要分项工程施工方案与技术措施

施工总工序：

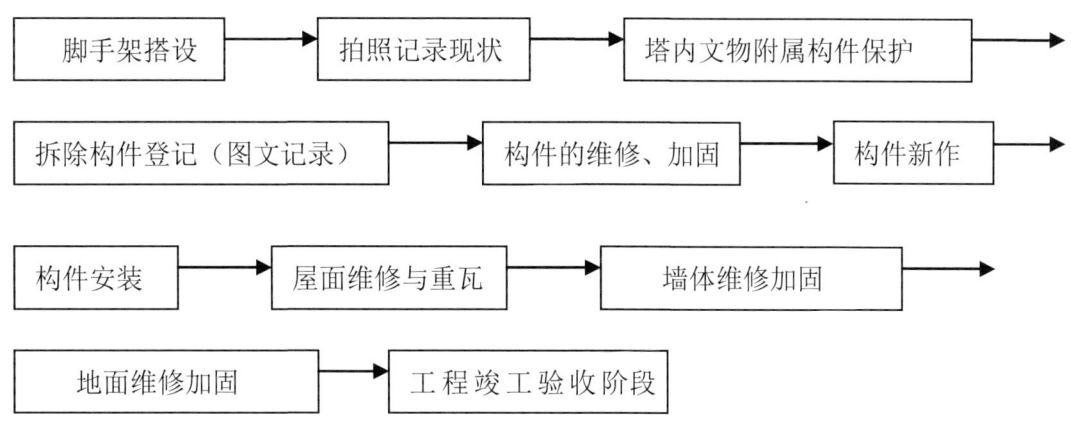

2.1 附属构件保护

为了防止附属文物构件施工时磕碰受损，施工前对塔身砖雕、神像进行保护。保护方法：神像用板材钉成箱体罩着，雕刻构件无法用箱体保护的，在雕刻构件上缠裹软质材料（如海绵、棉布）进行保护。

2.2 脚手架搭设

基础处理：四周外脚手架以硬化的回填作为基础，所有的基础必须平整。基础上、底座下设置垫板，其厚度不小于50毫米，布设必须平稳，不得悬空。并在四周距脚手架外立杆50厘米处设一浅排水沟。

立杆：双排立杆，立杆顶端高出结构檐口上皮1.5米，立杆接头采用对接扣件连接，立杆与大横杆采用直角扣件连接。接头交错布置，两个相邻立柱接头避免出现在同步同跨内，并在高度方向上错开的距离不小于50厘米；各接头中心距主节点的距离不大于60厘米。

大横杆：大横杆置于小横杆之下，在立柱的内侧，用直角扣件与立柱扣紧；其长度大于三跨、不小于六米，同一步大横杆四周要交圈。大横杆采用对拉件连接，其接头交错布置，不在同步、同跨内。相邻接头水平距离不小于50厘米，各接头距立柱的距离不大于50厘米。

横杆：每一立杆与大横杆相交处（即主节点），都必须设置一根小横杆，并采用直角扣件紧在大横杆上，该轴线偏差主节点的距离不大于15厘米。小横杆间距应与立杆柱距相同，且根据作业层脚手板搭设的需要，可在两立柱之间在等间距设置增设1～2根小横杆，其最大间距不大于75厘米。小横杆伸出外排大横杆边缘距离不小于10厘米；伸出里排大横杆距结构外边缘15厘米，且长度不大于44厘米。上、下层小横杆应在立杆处错开布置，同层的相邻小横杆在立柱处相向布置。

纵、横向扫地杆：纵向扫地杆采用直角扣件固定在距底座下皮20厘米处的立柱上，横向扫地杆则用直角扣件固定在紧靠纵向扫地杆下方的立柱上。

剪刀撑：脚手架采用剪刀撑与横向斜撑相结合的方式，随立柱、纵横向水平杆同步搭设，用通长剪刀撑沿架高连续布置。剪刀撑每六步四跨设置一道，斜杆与地面的夹角在45°～60°之间。斜杆相交点处于同一条直线上，并沿架高连续布置。剪刀撑的一根斜杆扣在立杆上，另一根斜杆扣在小横杆伸出的端头上，两端分别用旋转扣件固定，在其中间增加2～4个扣结点。所有固定点距主节点距离不大于15厘米，最下部的斜杆下立杆的连接点距地面的高度控制在30厘米内。剪刀撑的杆件连接采用搭接，其搭接长度≥100厘米。

脚手架：脚手架采用厚5厘米、宽30～35厘米、长度不少于3m的竹架板。并设置安全网及防护栏杆。脚手板应平铺、满铺、铺稳，接缝中设两根小横杆，各杆距接缝在距离上不大于15厘米。靠墙一侧的脚手板离墙的距离不应大于15厘米。拐角处两个方向的脚手板应重叠放置，避免出现探头及空挡现象。

防护设施：脚手架要满挂全封闭的密目安全网。密目网采用1.5×6.0米的规格，用网绳绑扎在大横杆外立杆里侧，作业层网应高于平台1.2米，并在作业层下步架处设一道水平兜网。

2.3 塔檐瓦件拆除

2.3.1 脊饰及瓦件统计

拆除前对屋面脊饰瓦件的规格尺寸、残损情况进行统计，记录清楚，对每一个施工工序拍照。

2.3.2 脊饰、瓦件拆除

拆除瓦件时，从檐部开始先拆除勾头、滴水，从下至上依次拆除。拆除勾头时，先拆除锚固勾头上的铁件。瓦件拆除后，开始拆除脊饰，拆除脊饰时，应先拆除锚固脊饰的铁件，一层层、一块块拆除。

瓦件拆除后用升降设备安全地运输至地面，工人清理瓦件上的泥灰，挑选瓦件，把四角完整的予以保留，断裂的瓦件视情况粘接后继续使用。残损严重无法修补的按原样补配。

2.3.3 苫背层拆除

揭除苫背前，对苫背层取块留置，一是查看苫背层数、材料成分及材料配比，二是作为复原的依据。

记录完毕后，用人工揭除苫背层。

2.4 木构件拆除

2.4.1 木构件编号

拆除前先对椽飞等进行编号。

椽飞编号：椽飞较多，先画屋面椽飞布置示意图，在示意图上编号，记录清楚。

角梁编号：对损坏的木角梁要分别记录清楚，再对每个构件进行编号。

2.4.2 木构件拆除

椽飞拆除：椽飞布满屋面，数量较多，拆除时先去除固定椽飞的铁件，然后把椽飞打捆（几根或十几根）捆绑在一起标明位置（明间、次间、梢间……），最后用升降设备安全运输至地面。工人挑选椽飞，完好的、需要维修加固的、需要补配的分开码放，补配时采用同规格同材质木材补配。

角梁拆除：角梁是塔体翼角的承重构件，在拆除前要对其部位进行加固，在抽取角梁时，要使用千斤顶配合木垫块，边抽取边置顶，另外要安排专人在旁边严密观测角梁四周墙壁有无松动或沉降现象发生，角梁的拆除需拆一个修一个，不允许同时拆除2个以上，要保证塔身的稳定性。

2.5 木构件维修、加固

施工总工序：

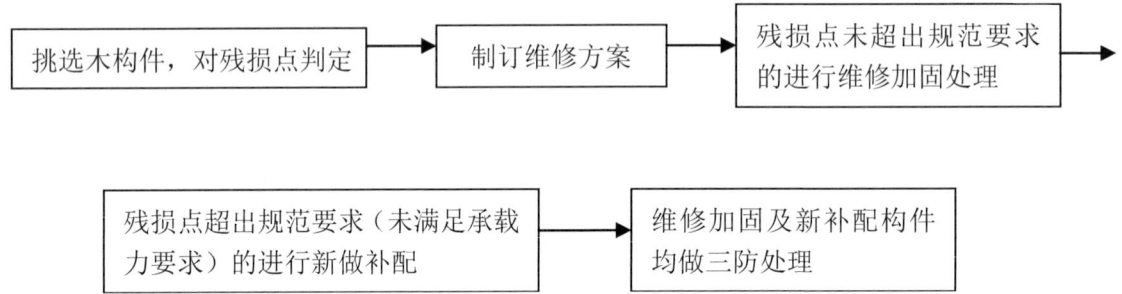

2.5.1 翼角梁、椽子维修

（1）施工准备：

揭去瓦面，清除灰、泥背，拆除望板，将椽子拆下，逐一量出尺寸，写好编号，记明位置。根据情况确定修补加固方法，备好配补构件的木料。

（2）主要工序：

椽子劈裂深度小于1/2椽径时，可用木条嵌严后，围铁腰子加固。糟朽深度小于椽径2/5的椽子，可砍净朽木，用旧干木料粘补平齐。严重腐朽的按照设计图纸重新制作更换。

角梁头糟朽不超过挑出长度的1/5时，可锯掉糟朽部分，用新料刻榫粘接。超过上述限度时，宜自糟朽处向上锯成斜口，更换新料搭接粘牢，并用螺栓或铁箍加固。

梁尾出现劈裂时，可用木条嵌补粘牢后，在梁的外皮用两道铁箍加固。

损坏糟朽严重的构件，应按原式样配制构件样板，按样板制作新件安装更换。

（3）注意事项：

铁件应及时做防锈处理。榫、卯归位应逐渐反复进行，避免另一端榫头折断或劈裂。起椽钉时要轻，避免椽头劈裂。

2.6 砖斗拱维修加固

斗拱维修：对于外部斗拱残佚现象，采用原工艺、原材料予以补砌，同时，施工过程中进一步检查各层斗拱情况，检查是否存在松动部位，如发现松动部位，予以拆除重砌。

（1）施工准备：

备好更换或修补构件所需用的同材质砖料，按构件原状或设计要求制作要更换构件的足尺样板，并描绘出细部纹样。

（2）主要工序：

拱件风化未断的可加砖磨及云石胶黏结，并用铁件钎牢。

昂觜断裂、脱落，照原样用同材质砖料加工补配，与旧构件平接或榫接。

更换构件时，需用标准样板进行复制，精心雕刻细部纹饰，但不开榫卯，待安装时随更换构件所处部位的情况临时砍凿，保证搭交严密。

拆解进行"地上修配"时，应分攒检查，逐件修配或更换。进行试装后原地妥善保存。

2.7 塔基座处理

去除踏步水泥勾缝，补配月台酥碱风化砖，酥碱深度达 20 毫米的剔除嵌补，不足 20 毫米且能达到一定强度的保留使用。

2.7.1 月台地面维修

（1）施工准备：

按照地面碎裂、残缺情况确定局部揭墁或全部揭墁，备好补配砖料及辅料。

（2）主要工序：

补配砖地面应首先按原样做好记录，然后揭除残损地面，清除砖上灰迹，补作残毁垫层，抄平，找泛水，弹线，按原地面作法补配新砖，细墁或糙墁地面。

2.8 塔身墙体维修

塔身墙体维修：各层塔体酥碱风化砖深度达 20 毫米的剔除嵌补，其他的继续使用。

（1）施工准备：

按照塔身墙面修补部位及工程量，搭好脚手架，备齐砖料和灰料。

（2）主要工序：

塔身墙面酥碱：用凿子和铲刀将酥碱处剔除干净，按原砖块尺寸数量砍磨加工后，用原粘接材料原位镶嵌牢固。酥碱较轻时，剔除干净后，可用乳胶掺中灰仔补抹平整，按原墙做缝子。

塔身墙面灰层臜闪脱落：塔体外粉层空鼓的铲除后重做外粉层。先将旧灰皮铲除干净，用水浸湿墙面，用大麻刀灰抹底灰两遍，以达到抓紧墙面找平为主，不用轧光。内檐用煮浆灰（灰膏），外檐常用泼浆灰。

用大麻刀灰罩面一遍。分段抹灰时边缘处要刹槎子，越薄越好，以便于接槎。抹灰时要痕迹轻浅结合牢固。操作时"当间走直线，两边抹子转"，走直线为找平整，抹子转好刹槎子。

待灰面稍凝时，用木抹子找补搓平灰面，再用小轧子伸展大直线赶轧，一般轧两至三遍，赶光轧亮以不皱活为好。赶轧时应掌握火候不得用轧子尖小碎纹来回赶压，以免造成皱活糊活。

有刷蒙头浆时，按设计要求调好色浆，做法应"横刷竖盖"，头遍横刷，二遍竖盖，走刷直顺，用力均匀，干后整体一色。

对于塔身各层后加封护的铁制门窗予以拆除，同时对局部洞口有砌砖残失的部位，予以镶补。洞口处有细微裂缝及不影响结构稳定性的裂缝，不做处理，外表白灰勾缝，与塔身原外观基本一致。

2.9 椽、飞椽、望板、连檐、瓦口补配新作

2.9.1 施工准备

依据不同位置的椽长、撒向及起翘尺寸适当加荒后下料。做好翼角翘飞椽扭度、

撇向搬增样板及绞尾弹线卡具。

2.9.2 主要工序

正身檐椽按设计截面及实样长度，刮、刨成圆椽或方椽。后尾按举架剪掌。

正身飞椽一般为一头三尾，按两根一对弹线制作。在飞椽脖两侧刻闸挡板口子，椽头搓三面楞。

翼角椽为单数，长度与正身檐椽相同。方翼角椽用规格板料制作时，先将板刮平刨光，再用活尺及搬增样板按次序在板两端画出各椽的迎头斜线，并在板面上弹出顺线，按线锯开后，刨光两侧面，分组编号，按号序上卡具分左、右弹线绞尾。

翘飞椽与翼角椽根数相同。各角同编号翘飞椽宜在同一板料上弹线制作。先在顺板边等于椽头撇度尺寸处弹一条基准线，再用方尺及长度杆在板的大面垂直于基准线，画出两端的椽头线及两条腰线。用举度杆在腰线及椽头线上点画出翘起高度和椽子自身高度尺寸，连接各点弹线并用扭度搬增板过画到小面，交到另一大面的边楞上，照上法在另一大面弹线。固定翘飞板，由两人用二锯锯解翘飞椽，刨光底、侧面，标记好编号。

望板按设计厚度一面刨光。顺望板顶端做斜搭掌，横望板两侧刮柳叶缝。

小连檐宽同椽径，高为望板1.5倍，长随通面宽加翼角尺寸。大连檐高同椽径，宽为1.1~1.2倍椽径。大、小连檐宜两根相对弹线制作，用手锯对角拉成直角梯形。大连檐在翼角部位用手锯水平拉出三或四道口子，劈成4~5份，最下一道长约2.5倍步架，以上每道按20~40厘米递减，用绳子捆拢，放在水里浸泡待用。

钉正身飞椽必须与下面正身檐椽对齐，在中部加钉，然后钉大连檐。大连檐外皮与飞椽头按1/4椽径留雀台，将椽档调匀后把飞椽与望板、檐椽钉牢。

将大连檐洒头端交待在仔角梁头连檐口子上，然后随冲翘曲线在连檐及翼角望板上点翘飞椽花，依次钉好翘飞椽，盘头、擦楞，最后安闸挡板，钉飞椽望板及压尾望板。

2.10 屋面工程

2.10.1 苫背工程

(1) 施工准备：

择好麻刀，做到松散干净。

备好泼灰，须洒水翻倒两次泼匀闷透，再行筛灰，去掉灰渣。

泡青灰浆，以备泼浆灰和轧青灰背使用。

泼浆灰应分层进行，每20厘米泼灰洒一层较浓的青浆，逐层摊平洒匀，存放半月后使用。

调整好脚手架，做好安全防护。

(2) 主要工序：

施工程序：铺设望板（砖）—20厚护板灰（白灰：青灰：麻刀=100：8：3）—铺设一道400克/平方米聚乙烯丙纶复合防水卷材—20厚护板灰（白灰：青灰：麻刀=100：8：3）—铺设一道400克/平方米聚乙烯丙纶复合防水卷材—50厚麻刀泥灰背（白灰：黄土=1：4，100公斤掺六公斤麦草）—30厚青灰背—50厚麻刀背—五样琉璃瓦。

用大麻刀灰勾抹望板缝隙。缝隙过大时，可补木条再抹灰，与望板抹齐抹平。待灰干后，钉好脊桩、吻桩、兽桩，并在望板上面按设计要求刷好防腐涂料。

用木抹子顺屋面望板坡度抹深月白麻刀护板灰一层，厚2厘米。稍干后分层抹滑泥灰背，每层厚度5厘米左右，檐头和脊部稍薄，泥背上皮低于博风与连檐2厘米为宜，每苫完一层后，用拍子将泥背拍打密实。

泥背干透后在上面抹大麻刀青灰背一层，厚2~3厘米，同时将麻刀抖匀，用抹子拍进青灰背内，再洒青灰浆一遍，用抹子赶匀。拍麻刀、洒青浆均不应淹过抹下道青灰背的搓口。然后踩着软板梯刷青灰浆，用抹子或轧子轧青灰背，做到"三浆三轧"，浆由稠至稀，"抹子花"由长宽到窄短，最后一遍用轧子尖轧活不"翻白眼"平整光亮为好。

(3) 注意事项：

泼灰筛好后应移至不受雨淋的干净场地堆积起来，或搭棚或用苫布盖严。

苫背时每层要一次苫完，遇雨时须用苫布将灰背盖好。

轧活时不得穿硬底鞋上房。沿边操作时不得站在连檐楞口上。

在屋面上轧灰背，要握紧工具，放稳浆桶，防止滑落。

2.10.2 屋面瓦瓦

（1）施工准备：

按照屋面形式，检查校核琉璃瓦件成色及规格数量，备齐色灰及掺灰泥。调整好脚手架，钉好梯子板。

（2）主要工序：

1）分中号垄

计算瓦垄：核准正脊及连檐的净尺寸，并除以正当勾加头缝尺寸，以全坡底瓦垄数为单数和能排出好活为准，不合适时可用增大或减小蚰蜒档来调整。庑殿、歇山屋顶翼角部位按此法单独计算。

锯瓦口：按计算出的瓦垄尺寸做瓦口样板，交木工锯好瓦口后，再校核一遍。

分中钉瓦口：量出连檐及正脊的中点做好标记，以此点为屋面中间趟底瓦的中点，即为瓦口中心向两侧排钉瓦口。排至两侧边角如有误差，可锯断瓦口稍作调整，最后钉牢。钉瓦口时应比连檐外皮退进1~2厘米，称为退"雀台"。

号垄：以屋面上、下中点为依据，将下面瓦口交点作为盖瓦中点，平行移在屋脊扎肩灰背上，从中点分别向两侧点画，并作出标记。

2）屋面瓦瓦

冲边垄瓦：先在屋面各坡左右边垄位置拴线、铺灰坐泥各瓦两趟底瓦一趟盖瓦。檐头滴子瓦应用色灰铺座，两边出檐应一致，最多不超过瓦身长的4/10，两滴子之间再放一块遮心瓦，釉面向下，以连檐外不露白活为好。上面再用色灰瓦勾头瓦，瓦翅距滴子瓦面不超过瓦高的1/3留作"睁眼"，前脸勾头下端紧贴滴子面。然后以冲好的边垄为准，在正脊、中腰和檐头分别拴好各道齐头线、楞线和檐头线。

瓦檐头瓦：以左右边垄滴子瓦下楞为准拴通线，控制高低出进，依此线用色麻刀灰瓦檐头滴子瓦。盖好遮心瓦后，按檐头线用色麻刀灰瓦勾头瓦。然后用长钉从勾头上的孔眼内钉入连檐或灰背内，上面应露出钉头3厘米左右，以备扣安钉帽。

拴瓦垄线瓦底瓦：瓦垄线亦称瓦刀线，常用帘绳或仔绳，上端拴在铁钎上插入脊头灰背中，下端拴一块分量适当的瓦块，吊在屋檐下，并在瓦刀线中部数处绑拴适当重物，以使此线与边垄底瓦瓦翅曲囊一致为准。也可在楞线上拴铅丝"吊鱼"，随时检校调整瓦刀线的曲囊。然后铺掺灰泥由下向上瓦底瓦，窄头带釉面向下，宽头白碴部向上，棱角贴瓦刀线。底瓦搭接密度要做到"三搭头"，檐头搭接可稍稀，脊根搭接应加密，务须摆正，不勾瓦脸，不得侧偏。每次挪放瓦刀线应放在底瓦垄外手瓦翅边，以便于操作。

瓦盖瓦：每垄底瓦瓦好后，要将底瓦侧边掺灰泥用瓦刀背实抹齐，并在底瓦垄之间用大麻刀灰填塞严实，盖住两边底瓦垄的瓦翅，称为"扎缝"。而后拴盖瓦刀线找囊方法应在齐头线、楞线和檐线上拴铅丝"吊鱼"至盖瓦翅为据，并随时检校调整。瓦刀线挪放应在瓦垄里手，以便于观测。依照瓦刀线打泥由下向上瓦盖瓦，盖瓦雄头向上抹好色灰，上面盖瓦压住雄头时须将雄头灰挤严抹实。瓦的规格有误差时，要做到"大瓦跟线，小瓦跟中"。为确保瓦垄直顺应随时用尺板检校，同时下面设人"料高"观测。

捉节夹垄：瓦好盖瓦后，用瓦刀将小麻刀色灰分两次把"睁眼"处塞严背实，再用抹子抹平轧光，使之通顺垂直。同时勾平抹严上下盖瓦相接处的缝隙，最后清扫瓦垄、安装钉帽、擦亮琉璃瓦釉面。

（3）注意事项：

屋面灰背上摆放瓦件要分布均匀，每摞不得超过10块，并须放稳垫平，防止滑落。

拆搭调整脚手架及运瓦送泥要闪开檐头滴子瓦，以免碰坏。

瓦瓦要两坡同时进行，不得瓦完一坡再瓦另一坡。

清扫擦拭瓦面不得穿硬底鞋，并要在瓦垄间塞稳扎把绳或麻刀团作为垫脚进行操作。

2.10.3 屋面调脊

（1）施工准备：仔细审度脊件，校核种类、样数及尺寸。备好色灰及掺灰泥，搭好调脊脚手架。

（2）主要工序：

调围脊：在塔屋面前后坡老桩子瓦上拴通线捏正当勾，两坡当勾的距离与脊筒宽度相同。当勾的两边及底楞都要抹色灰，卡在盖瓦之间底瓦之上，当勾之间要用灰砖填实抹平；当勾之上拴通线砌压当条，外楞出正当勾5毫米为宜，里面苦小背抹平，然后晾背，至少半天；晾背稍干后，在压当条之上用色灰砌裙色条，出进与压当条一致，里口填灰砌砖抹平；在正脊两端山尖坐中勾头之上，用色灰砌筑吻座，吻座里口应卡在两坡合角当勾之内，在裙色条和合角吻座之上用色灰砌筑合角吻。大件正吻需用吻锯拼装，然后安装剑把、背兽及兽角；在裙色条之上，合角吻、正吻之间拴通线用色灰砌筑正脊筒。先在中间放一块整脊筒，然后向两边赶排砌筑，脊筒内要横放铁钎与脊桩拴牢，并填充麻刀灰及瓦片，不可太满，以淹过铁钎为好。而后拴通线用色灰砌盖脊瓦，脊瓦上皮应在合角吻吻唇内。最后勾抹缝子，擦净各部脊件。

（3）调饿脊等其他脊：

在饿脊一侧拴线用色灰捏斜当勾，斜当勾外皮距屋面边垄盖瓦的中心应与饿脊筒宽度相同。当勾上面用色灰再砌一层平口条，并用碎砖及麻刀灰背里，填实抹平，晾背半天以上。

山面与檐面交角处螳螂勾头上面退进 20 毫米，用色灰砌筑一块咧角倘头，后面接砌压当条，上口取平。其上砌筑一块咧角窜头。

在压当条之上正心桁位置用色灰砌筑兽座及垂兽。

饿脊前用色灰砌筑一层三连砖直到咧角处，与咧角撺头相接。撺头上铺灰放一块方眼勾头，在勾头方眼内钉铁钎坐灰安装仙人及仙人头。垂兽前三连砖上面再砌一块整盖瓦，然后在距仙人之间均匀砌筑小跑，须以单数为好。

第二章　修缮后效果

南面

北面

西面

东面

南、东南、西南面二、三层塔檐维修后效果

南、东南、西南面四、五层塔檐维修后效果

塔刹维修后效果

西、西南、西北面一层塔基维修后效果

西、西南、西北面二、三层塔檐维修后效果

西、西南、西北面四、五层塔檐维修后效果

北、西北、东北面一层塔基座维修后效果

北、西北、东北面二、三层塔檐维修后效果

北、西北、东北面四、五层塔檐维修后效果

东、东北、东南面塔基座维修后效果

施工篇·第二章 修缮后效果

东、东北、东南面二、三层塔檐维修后效果

东、东北、东南面四、五层塔檐维修后效果

南面砖雕

西南面砖雕

西面砖雕

西北面砖雕

北面砖雕

东北面砖雕

东面砖雕

东南面砖雕

后记

天宁寺位于安阳市文峰区文峰中路西段，始建于隋文帝仁寿初年（601年），历经唐、宋、元、明、清历代增修扩建，至清乾隆三十七年（1772年）彰德府（安阳古称）知府黄邦宁维修，规模达到空前，时亭、台、楼、阁、殿、堂、庙、宇百间。

据现存清乾隆三十七年"重修天宁寺图"碑记载"……明洪武间，置僧纲司于此，其规模雄壮，为南北丛林冠。寺有天宁寺塔（文峰塔）五级，由下而登，逐渐宽敞，其巅则为平台，周可容二百人，远望太行，历历在目。……历年既久，诸殿悉成瓦砾，唯此塔巍然独存……"塔的上身五级出檐，从下往上逐级增大。每层出檐的斗拱又不尽相同。八角檐头系有铜铎，微风吹动，叮当作响，给人以高远静穆之感。塔顶有相轮、塔刹。塔的下身四周正面，各有一门，其中正南面为真门，余为假门。另据安阳县志记载：此塔建于五代后周广顺二年（952年），距今已有一千多年历史，2001年成为中国国家重点文物保护单位。

本书对安阳天宁寺塔的前期勘察、设计、地质勘察、稳定性评估、施工工艺措施进行了详细诠释。修缮天宁寺塔项目实施过程中，积累了丰富的资料，为使此成果可以成为后续同类工程的借鉴资料，经过研究决定将成果结集出版。

经过一年的努力，本书即将付梓，在此我要感谢杨焕成先生，在初稿写竣后，杨焕成先生连夜审读了全部稿件，指出了疏漏与不足，提出了很好的意见和建议，并欣然作序。杨焕成先生的序文，既有对天宁寺塔价值的肯定和理论研究的评价与倡导，更有对后学的激励与奖掖，溢美之词让我受之有愧，我将此视为前辈的鞭策和期待，铭记于心，付之于行。此外，河南省文物建筑保护研究院杨振威院长对此书倍加关注，从此书着手编著到初稿完成，杨振威先生都给予了大力的指导帮助，本着对学术研究严谨的态度，提出了个人的观点，从各个章节分析了不足并加以修改。在此深表感谢！

从此项目勘察设计开始，鹿继敏、赵彤梅、付力、蔡金呈、张延昭等同志，在开展勘察、测绘、摄影、资料搜集等方面做了大量工作。该项目还得到了安阳市市区文物景点管理处王继伟先生、郑州大学马清文教授及安阳大地勘探工程有限公司的鼎力支持。在此致以诚挚的感谢！

  本书虽已付梓，但仍感有诸多不足之处。对于安阳天宁寺塔的研究仍然需要长期细致认真的工作，我们将继续努力研究探索。在此，再次感谢为本书出版给予帮助、支持的每一位领导、同事、朋友，并期待大家批评和建议。

甄学军

2019 年 5 月 15 日